三角関数

基礎からすべてがわかる,三角関数の決定版

三角形についての関数
「三角関数」

監修　小山信也

　三角関数はその名のとおり，三角形についての関数である。三角関数についてくわしくみていく前に，本章では三角形そのものがもつ興味深い性質や，それがどのように役に立つのか，そして三角関数がどのような考えを土台にして生まれてきたのかなどについて，紹介しよう。

あらゆる図形の基本である「三角形」は三つの重要な性質をもっている

三角形は，あらゆる図形の基本である。これは，四角形や五角形などの多角形が例外なく，**複数個の三角形に分割できる**ためだ。逆にいえば，複数の三角形を組み合わせれば，どのような複雑な多角形でもつくれるということだ。このことを応用したのが，コンピュータゲームや，3D（3次元）CGアニメーションで用いられる「ポリゴン」である。ポリゴンでは，たくさんの三角形※の寄せ集めで物体を表現する。

丈夫な構造物も三角形のおかげ

三角形は，構造物をつくるときにも役に立つ。三角形を基本にした骨組みは「トラス構造」とよばれ，鉄橋などに用いられる。三角形は，**三辺の長さが固定されれば，三つの頂点の位置関係や角度も自動的に固定される**ため，形が安定に保たれる（右ページ）。

また，三角形がもつ三つの内角（頂点の内側の角度）をすべて足すと，必ず180°になる。授業で習った覚えのある人も多いと思うが，このことを知っていれば，三角形の二つの角度がわかれば，残りの角度を計算で求められる。

※：三角形だけでなく，四角形のポリゴンも使われる。

三角形の三つの重要な性質

三角形がもつ，三つの重要な性質をまとめた。これらの性質をもつことから，三角形はあらゆる図形の基本といえる。

ポリゴンでえがいたイヌ

あらゆる多角形は，三角形に分割できる

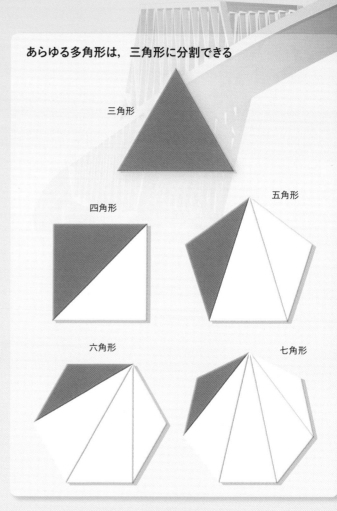

三角形

四角形

五角形

六角形

七角形

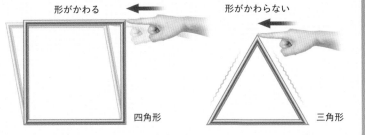

東京ゲートブリッジのトラス構造

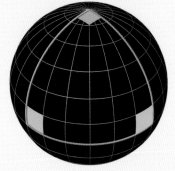

三辺の長さが固定されれば，図形が一通りに確定する

形がかわる ←

形がかわらない ←

四角形

三角形

三角形の内角を足すと，つねに180°になる

内角を足したもの（内角の和）は180°

ただし，球面上の三角形では，内角の和は180°より大きくなる。

「三角関数」は 直角三角形の辺と角度についての関数

「三角関数」は，直角三角形の辺と角度についての関数である。直角三角形には，「三平方の定理」（ピタゴラスの定理）として知られる重要な性質がある。

直角三角形の三辺 a，b，c（c は最も長い斜辺）のそれぞれを一辺とする正方形を，直角三角形の外側にえがいてみよう（下図）。すると，最も大きな正方形の面積（c^2）は，残りの二つの正方形の面積を足したもの（a^2+b^2）に等しくなる。

たとえば，高さ634メートルの東京スカイツリーを見ることのできる限界の距離は，三平方の定理を使えば計算できる。東京スカイツリーの先端から，地球の断面，つまり円に接線（円と一点でのみ接する線）を引くと，接点（円と接線の共有点）が，東京スカイツリーが見える最も遠い地点になる（右図）。

円（地球）の中心と接点を結ぶ線は，接線と必ず直交するという性質があるので，円の中心，東京スカイツリーの先端，接点を結ぶと直角三角形になる。地球の半径と，東京スカイツリーの高さはわかっているので，あとは三平方の定理を使えば，求める距離は「約90キロメートル」となる。

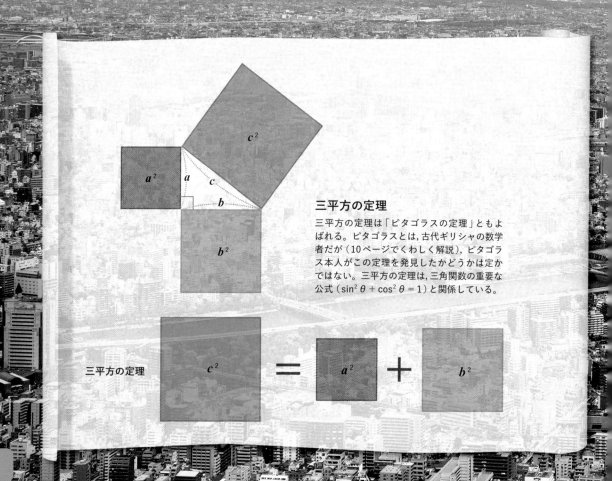

三平方の定理

三平方の定理は「ピタゴラスの定理」ともよばれる。ピタゴラスとは，古代ギリシャの数学者だが（10ページでくわしく解説），ピタゴラス本人がこの定理を発見したかどうかは定かではない。三平方の定理は，三角関数の重要な公式（$\sin^2\theta + \cos^2\theta = 1$）と関係している。

三平方の定理　c^2 ＝ a^2 ＋ b^2

地球の半径
6371キロメートル

地球の中心

計算式
$(6371 + 0.634)^2 = 6371^2 + (求める距離)^2$
$求める距離 = \sqrt{(6371 + 0.634)^2 - 6371^2}$
$= 89.88 \cdots$ キロメートル

東京スカイツリーが
計算上見える範囲

・宇都宮

・高崎

・銚子

約90キロメートル

・芦ノ湖

＊標高が高いところなら、
さらに遠くから見える。

三平方の定理を発見した
ピタゴラス

数学者として知られるピタゴラス（前582ころ～前496ころ）は，紀元前582年ころにギリシャ東南部のサモス島に生まれた。彼は前530年ごろにイタリア南部の街クロトンへ移り，そこで宗教・政治・哲学を学ぶ学塾を開いた。この学塾は数論，幾何学，天文学，音楽の4科目に加え，哲学や宗教も論じたた

め，「ピタゴラス学派（ピタゴラス教団）」とよばれた。

ピタゴラス学派は，三角形の内角の和が180°になることを証明し，また正四面体，正六面体，正八面体，正十二面体，正二十面体の五つの正多面体を発見している。また，定規とコンパスを使って二次方程式の問題を解いている。

ピタゴラス学派の幾何学的仕事の中で最も有名なのは，なんといっても「ピタゴラスの定理」の発見だろう。今ではこの定理を証明する200あまりの証明法があるといわれている。

ピタゴラスの定理を満たす自然数（正の整数）の典型的な例は，直角をはさむ二辺および斜辺の長さがそれぞれ3，4および5の三角形である。この場合，$3^2 = 9$，$4^2 = 16$，$5^2 = 25$で，$9 + 16 = 25$となる。

また，直角をはさむ二辺および斜辺の長さがそれぞれ5，12および13の三角形も，ピタゴラスの定理を満たす自然数（正の整数）の例である。(3，4，5)，(5，12，13) といった，ピタゴラスの定理をみたす自然数（正の整数）は「ピタゴラス数」とよばれている。

ピタゴラスの定理の思わぬ副産物

ピタゴラスやピタゴラス学派の人たちは，1，2，3，…といった正の整数に興味をもち，やがて正の整数と整数の比であらわされる数（たとえば3／2や3／4）だけを数と考えるようになった。それらは現在「有理数」

ピタゴラス

A. 三角数

$T(1)=1$
$T(2)=3$
$T(3)=6$
$T(4)=10$
$T(5)=15$

上の三角形をつくる赤い点の総和（三角数）$T(n)$は，1，3，6，10，15，…とふえていく。n番目の三角数は$T(n)=\dfrac{n(n+1)}{2}$であらわされる。

B. 四角数

$S(1)=1$
$S(2)=4$
$S(3)=9$
$S(4)=16$
$S(5)=25$

上の正方形をつくる赤い点の総和（四角数）$S(n)$は，1，4，9，16，25，…とふえていく。n番目の四角数は$S(n)=n^2$であらわされる。

とよばれている数である。

ところがピタゴラスの定理によって，有理数だけでは理解できない数があることがわかった。たとえば直角二等辺三角形では，斜辺と一辺の比が$\sqrt{2}$になる。つまり，直角をはさむ二辺の長さが1の直角三角形の斜辺の長さは$\sqrt{2}$となる。$\sqrt{2}$は，2乗すると2になる数であり，小数にすると1.41421356…となってしまい，整数の比ではあらわせない。現在，このような数は「無理数」とよばれている。

ピタゴラスらは，このような数を「アロゴン（Alogon，口にできない）」とよんで研究対象から除外し，そのことを学派外の人たちには秘密にしていたといわれている。

整数に関係した
多くの問題を論じた

ピタゴラスはほかにも，正の整数に関係した多くの問題を論じている。その一つが「三角数」の問題である。

左上の**A**には，点線で仕切られた大小五つの三角形がえがかれている。上の小さいほうから順に1番目，2番目，3番目，…の三角形とよぶことにする。ピタゴラスはn番目の三角形をつくる点（赤丸）の総数$T(n)$を，n番目の「三角数」とよんだ。一点からなる1番目の三角形に，その下にある1番目の台形（上の辺と下の辺が平行な四角形）中の二つの点が加わって2番目の三角形ができる。したがって，

n番目の三角数
$=T(n)=1+2+3+\cdots+n$

となる。これは，

$$T(n)=n(n+1)／2$$

であらわされることが，のちに証明されている。

また**B**には，点線で仕切られた大小五つの正方形がえがかれている。右上の小さいほうから順に1番目，2番目，3番目，…の正方形とよぶことにする。ピ

タゴラスはn番目の正方形をつくる点の数$S(n)$を，n番目の「四角数」とよんだ。これを三角数の場合と同様に考えると，

n番目の四角数
$=S(n)$
$=1+3+5+\cdots+(2n-1)$

となり，

$$S(n)=n^2$$

となることがわかる。

三角数および四角数のように，次々の数を「＋（足し算）」記号で結んだものを「級数」とよぶ。三角数および四角数では，級数中に次々にあらわれる数が，その一つ前の数よりも1および2ずつ大きくなっている。このような級数を「等差級数」とよぶ。

等差級数では，最後の数と最初の数の和の半分が，全体の数の平均値となる。ピタゴラスは今から2500年以上も前に，このような興味深い「数の世界への扉」を開いたのである。

三角測量を使えば
長い距離を計算によって求められる

「三角測量」とは，最初に「基線」の距離を正確に求めれば，あとは新たな点に対する角度をはかっていくだけで，長い距離を計算によって求められるという方法である（下図）。三角測量の計算の過程では，サインに関する重要公式「正弦定理」が活躍する。

三角測量は1792年から1799年にかけて，世界共通となる長さの単位「メートル」を決める大事業で使われた。当時は地域どうしの貿易がさかんな時代だったが，地域ごとに長さの単位がバラバラで，スムーズな貿易

や技術の交流をさまたげていた。そこでフランスは，地球の大きさを基準にした世界共通の長さの単位を制定しようと提案したのである。

当時の一流の科学者たちが検討した結果，子午線の4000万分の1の長さを「1メートル」と定義することになった。子午線とは，北極と南極を通る円のことだ。しかし，地球を一周してその長さをはかるのは困難なので，同じ子午線上にある街どうしの距離を三角測量によってはかり，その距離をもとに子午線の長さを求めることになった。

測量の総距離は子午線の約40分の1，およそ1000キロメートルにおよんだ。当時はフランス革命の真っただ中で，政情が不安定だった。そのため，参加者の中には，スパイの容疑で逮捕された人や，命を落とした人もいたという。

測量は開始から7年を経て完了し，1799年には，1メートルを示す「メートル原器」が製造された。その後，新たに「国際メートル原器」がつくられ，これを世界的な長さの基準とする「国際メートル法」が，1889年に制定された。

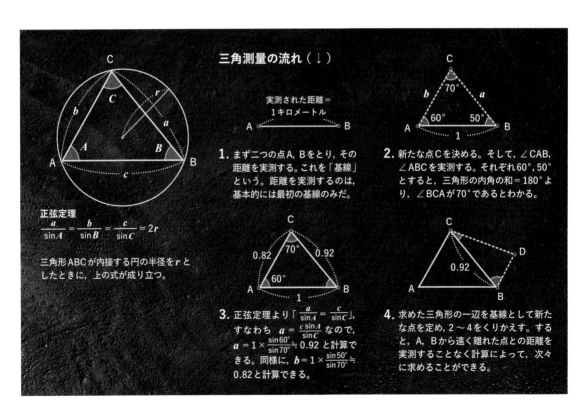

三角測量の流れ（↓）

正弦定理

$$\frac{a}{\sin A} = \frac{b}{\sin B} = \frac{c}{\sin C} = 2r$$

三角形ABCが内接する円の半径をrとしたときに，上の式が成り立つ。

実測された距離＝
1キロメートル

A •————• B

1. まず二つの点A, Bをとり，その距離を実測する。これを「基線」という。距離を実測するのは，基本的には最初の基線のみだ。

2. 新たな点Cを決める。そして，∠CAB，∠ABCを実測する。それぞれ60°，50°とすると，三角形の内角の和＝180°より，∠BCAが70°であるとわかる。

3. 正弦定理より「$\frac{a}{\sin A} = \frac{c}{\sin C}$」，すなわち $a = \frac{c \sin A}{\sin C}$ なので，$a = 1 \times \frac{\sin 60°}{\sin 70°} ≒ 0.92$ と計算できる。同様に，$b = 1 \times \frac{\sin 50°}{\sin 70°} ≒ 0.82$ と計算できる。

4. 求めた三角形の一辺を基線として新たな点を定め，2〜4をくりかえする。すると，A，Bから遠く離れた点との距離を実測することなく計算によって，次々に求めることができる。

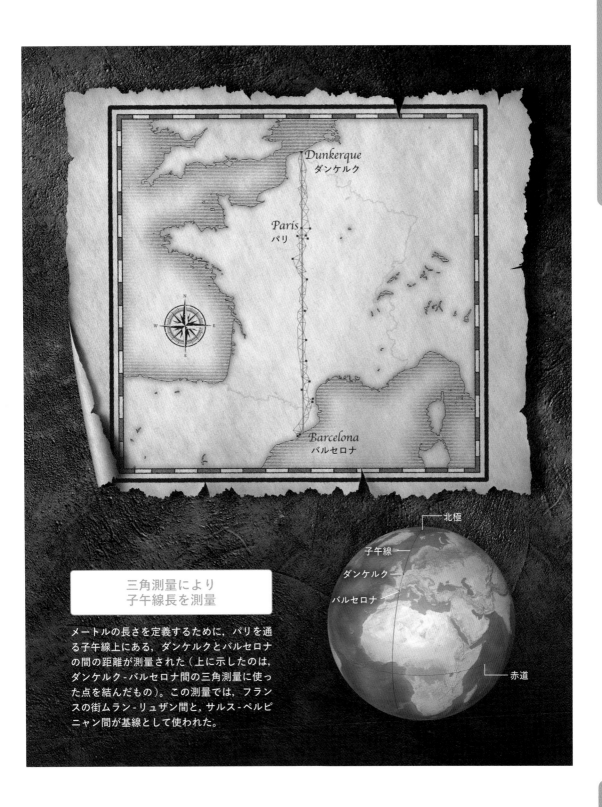

三角測量により
子午線長を測量

メートルの長さを定義するために，パリを通る子午線上にある，ダンケルクとバルセロナの間の距離が測量された（上に示したのは，ダンケルク-バルセロナ間の三角測量に使った点を結んだもの）。この測量では，フランスの街ムラン-リュザン間と，サルス-ペルピニャン間が基線として使われた。

メートルの基準を示した「メートル原器」

1889年，フランスで第1回国際度量衡総会が開催され，「国際メートル原器」が国際的な長さの基準として定義された。具体的には，原器にしるされた二つの目盛り線の間隔を「1メートル」としたのだ。

その後，国際メートル原器の複製が世界各国に配られた。右の写真は，わが国が保有する「日本国メートル原器」である。しかし，メートル原器は熱で膨張したり，年月を経ると長さがかわったりするという問題があった。また，目盛り線の幅（太さ）が基準の正確さに限界をあたえた。これは，目盛り線の左端，中央，右端のどの位置からはかりはじめるかによって，値がかわるためだ。

このようなことから，国際メートル原器は1960年に廃止された。そして1983年に「光速の値」が，長さの基準として新たに使われることとなった。光は1秒間に，2億9979万2458メートル進む（地球約23.5個分）。すなわち，現在1メートルは「光が真空中を299,792,458分の1秒間に進む距離」と国際的に定義されている※。

質量の「原器」も存在する

重さ（質量）の単位を国際的に統一しようという試みも，1790年代のフランスを起源とする。当時，最大密度となる約4℃下における，1リットルの純水の質量をもとにした「確定キログラム原器」がつくられた。

その後，第1回国際度量衡総会で「キログラム」を国際的な質量の単位として使うことが決まった。これにより，白金イリジウム合金製の「国際キログラム原器」が新たにつくられた。そして，各国に配られたその複製は，それぞれの国で質量の基準となった（右下の写真は，日本国キログラム原器）。

しかし2019年，130年間活躍したキログラム原器は引退することとなり，現在キログラムは「プランク定数」をもとにした新しい定義に置きかえられている。

※：以前は，定義された1メートルの長さをもとにして，光速の値が計測されたが，現在では逆に，先に光速が定義され，その値から1メートルが決められている。

＊写真提供：国立研究開発法人産業技術総合研究所

日本国キログラム原器
国際キログラム原器の複製として，1889年（明治22年）に日本が受領した。腐食しにくい白金とイリジウムの合金でつくられ，二重のガラス製容器の内側におさめられている。

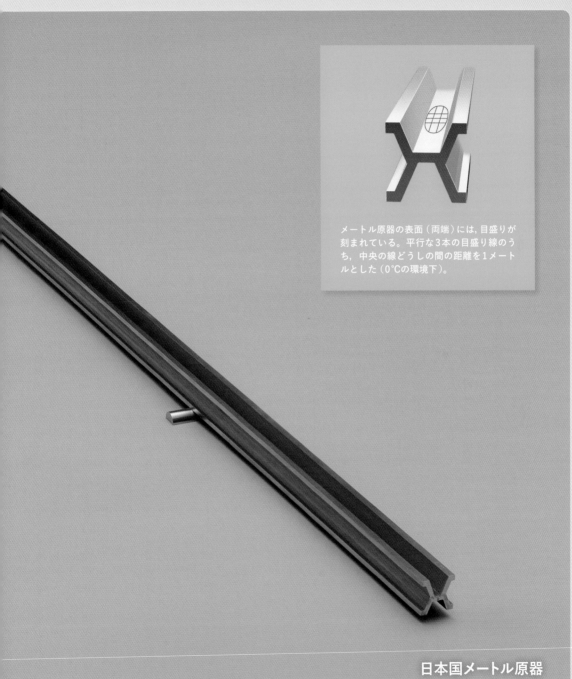

メートル原器の表面（両端）には，目盛りが
刻まれている。平行な3本の目盛り線のう
ち，中央の線どうしの間の距離を1メート
ルとした（0℃の環境下）。

日本国メートル原器

三角関数の生みの親は
古代ギリシャの天文学者たちだった

三角形の辺の長さは，三角形が大きくなるにつれて，直接はかることがむずかしくなる。しかし角度であれば，三角形がどれだけ巨大になっても，比較的簡単にはかることができる。

古代の人々は，早くからこのことに気がついていた。そしてできたのが「三角法」である。三角法とは，三角形の角度と辺の長さの関係を利用して，実際には計測できない長い距離を知る方法だ。前節で解説した三角測量も，三角法の一種である。

三角法を用いる際，角度から距離を求めるために使う数値をあらかじめ一覧表にしておき，これを用いて距離を求めた。このような一覧表を書物に残した最初の人物が，古代ギリシャの天文学者ヒッパルコス（前190ごろ～前120ごろ）である。

プトレマイオスの「弦の表」が三角関数へと発展

「天動説」をとなえたことで知られる古代ギリシャの天文学者プトレマイオス（83ごろ～168ごろ）は，自身の著書『アルマゲスト』の中に，「弦の表」とよばれる数値の一覧表を載せた（→64ページ）。この表は，ヒッパルコスの一覧表を，プトレマイオス自身が発展させたものだ。

古代の天文学者たちは，三角法と弦の表を駆使して，観測された角度から天球（太陽以外の恒星が張りついていると考えられた球）上の天体の正確な位置を計算した。

弦の表は，ペルシアやインドへと伝わり，より使いやすい形になった。その成果が中世にヨーロッパへと伝えられ，以降の数学者によってさらに精密になっていった。こうしてできあがったのが，本書のテーマである「三角関数」なのである。

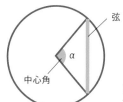

「弦」とは，円の中心角が切りだす線分のこと。

三角関数を生んだ
古代ギリシャの天文学者（→）

三角関数の生みの親といえる，古代ギリシャの天文学者ヒッパルコス（右）と，プトレマイオス（右ページ）の肖像画である。

ヒッパルコスは，夜空の星を1等星から6等星までに分類し，850個におよぶ恒星のカタログをまとめたことなどで知られる。ヒッパルコスの著書は現存しないが，その研究成果は，プトレマイオスの著書『アルマゲスト』にまとめられた。

ΙΠΠΑΡΧΟΣ

ΑΝΗΡ ΦΙΛΟΠΟΝΟΣ ΚΑΙ ΦΙΛΑΛΗΘΗΣ

HIPPARCHUS

器具を使って，天体までの角度をはかるプトレマイオスをえがいた挿絵（原典：グレゴール・ライシュ『Margarita Philosophica』，1504年刊）。プトレマイオスの天動説は，コペルニクスの地動説が登場するまで，実に1500年にわたって広く信じられた。すぐれた数学者でもあったプトレマイオスは，円に内接する四角形の辺の長さに関する「トレミーの定理」（トレミーはプトレマイオスの英語読み）を発見し，弦の表をつくるための計算の基礎にした。

三角形の相似を使った古代の測量方法

　同じ形の図形を「相似」といい，その中で形も大きさも同じ図形を「合同」という。相似の三角形どうしは，形は同じなので，対応する角はすべて等しくなる。また，相似の三角形どうしは，形はそのままで一定の比率で拡大（縮小）した関係といえるので，対応する辺の長さの比もすべて等しい（下図）。

　古代ギリシャの哲学者タレス（前625ころ～前545ころ）は，この三角形の相似の性質を利用してピラミッドの高さを計測したという。その方法はこうだ。

　まず，棒を地面に垂直に立てる。そして，この棒の地面からの高さと，棒がつくる影の長さが等しくなるときに，ピラミッドの影を計測する。つまりタレスは，「棒とその影がつくる三角形」と，「ピラミッドの高さとその影がつくる三角形」が，相似な直角二等辺三角形になると考えたのである（右ページ上段の図）。このとき，ピラミッドがつくる影の長さはすなわち，ピラミッドの高さとなるというわけだ。

　三角形の相似を使えば，地球の大きさも求めることができ

る。人類史上はじめて地球の大きさを測定したのは，古代ギリシャの地理学者エラトステネス（前275ころ～前194ころ）だと考えられている。彼はまず，夏至の正午には，エジプトのシエネという都市で，深い井戸の底まで太陽の光がまっすぐ届くことを発見した。これは，太陽がちょうど真上にくるということだ。

　次にエラトステネスは，シエネの北にあるアレクサンドリアという都市の地面に棒を立てることで，アレクサンドリアでは

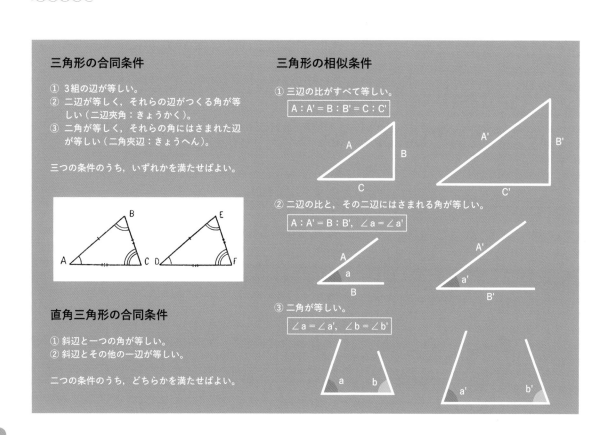

三角形の合同条件

① 3組の辺が等しい。
② 二辺が等しく，それらの辺がつくる角が等しい（二辺夾角：きょうかく）。
③ 二角が等しく，それらの角にはさまれた辺が等しい（二角夾辺：きょうへん）。

三つの条件のうち，いずれかを満たせばよい。

直角三角形の合同条件

① 斜辺と一つの角が等しい。
② 斜辺とその他の一辺が等しい。

二つの条件のうち，どちらかを満たせばよい。

三角形の相似条件

① 三辺の比がすべて等しい。

$A : A' = B : B' = C : C'$

② 二辺の比と，その二辺にはさまれる角が等しい。

$A : A' = B : B', \angle a = \angle a'$

③ 二角が等しい。

$\angle a = \angle a', \angle b = \angle b'$

夏至の正午に，太陽の高度が真上から7.2°ずれていることを求めた。また，アレクサンドリアとシエネの距離を，隊商が移動するのに要する日数から「約920キロメートル」と計算した。エラトステネスは，これらの値と相似の考え方から，

地球の大きさ（円周）

$= 920 \times \dfrac{360°}{7.2°}$

$= 46,000$ キロメートル

と求めたという（右下の図）。

　現在，地球一周の長さは約4万キロメートル※と測定されている。この値は，エラトステネスが測定した値にくらべて，わずか15%ほど小さいだけだ。当時の技術から考えると，驚異的に正確な計測であったということができるだろう。このことから，エラトステネスは「測地学の父」とよばれている。

※：「メートル」がもともと，赤道から北極までの長さの1000万分の1と定義されたことに由来する（12ページ参照）。

棒がつくる影から 地球一周の長さをはかる（→）

夏至の日の太陽は，ギリシャでは真上に来ないのに，エジプトでは太陽の光が深い井戸の底に届くほど真上の位置に来ている。このことから，地球が無限に広がった平地ではなく，丸い形をしているということが，当時から知られていた。エラトステネスは，夏至の太陽の位置と二点間の距離から，地球の大きさを求めた。

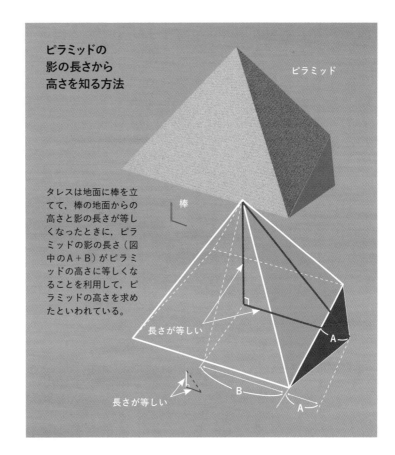

ピラミッドの
影の長さから
高さを知る方法

ピラミッド

タレスは地面に棒を立てて，棒の地面からの高さと影の長さが等しくなったときに，ピラミッドの影の長さ（図中のA＋B）がピラミッドの高さに等しくなることを利用して，ピラミッドの高さを求めたといわれている。

棒

長さが等しい

A

長さが等しい

B

A

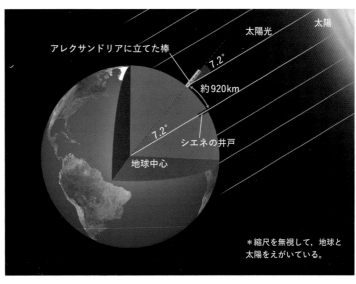

太陽

太陽光

アレクサンドリアに立てた棒

7.2°

約920km

7.2°

シエネの井戸

地球中心

＊縮尺を無視して，地球と太陽をえがいている。

世界最古の三角関数表？
「プリンプトン322」

紀元前1900〜紀元前1600年，古代バビロニア王朝時代に書かれた粘土板が現存している。「プリンプトン322」とよばれるこの粘土板には，15種類の直角三角形の値が，くさび形文字でしるされている（22〜23ページに写真を掲載した）。粘土板のいちばん上の行に書かれた三角形は，二等辺三角形に近い直角三角形で，下に行くにしたがって，角のするどい直角三角形になる。

直角三角形といえば，中学校で習う「三平方の定理」が有名だが，プリンプトン322に記載された三角形の辺の長さはすべて，$a^2 = b^2 + c^2$ を満たす自然数の組（ピタゴラス数）である。

このため，プリンプトン322は発見以来「ピタゴラス数の表」だと考えられ，ピタゴラスよりはるか前に，すでに"ピタゴラス数"が発見・利用されていた証拠として広く知られていた。しかし2017年11月に発表された論文[※1]では，プリンプトン322は，世界最古の「三角関数表」でもある可能性が指摘されたのだ。

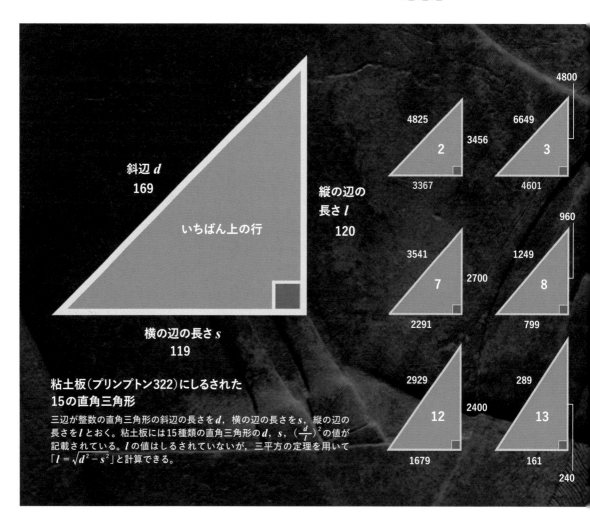

斜辺 d
169

いちばん上の行

縦の辺の長さ l
120

横の辺の長さ s
119

粘土板（プリンプトン322）にしるされた
15の直角三角形

三辺が整数の直角三角形の斜辺の長さを d，横の辺の長さを s，縦の辺の長さを l とおく。粘土板には15種類の直角三角形の d，s，$\left(\dfrac{d}{l}\right)^2$ の値が記載されている。l の値はしるされていないが，三平方の定理を用いて「$l = \sqrt{d^2 - s^2}$」と計算できる。

4800

4825 / 3456 / 2 / 3367

6649 / 4800 / 3 / 4601

3541 / 2700 / 7 / 2291

1249 / 960 / 8 / 799

2929 / 2400 / 12 / 1679

289 / 240 / 13 / 161

これまでの定説がくつがえされる可能性も？

　三角関数表とは，**さまざまな角度をもつ直角三角形における辺の長さの比を表にしたものだ**（くわしくは，次章以降で解説する）。プリンプトン322には確かに，15種類の角度をもつ直角三角形の辺の長さと，その比を2乗した値が記述されており（下図），三角関数表と同等のものと考えることができる。もしこれが事実であれば，今まで最古の三角関数表だとされていた，古代ギリシャ時代の「弦の表」の記録を1500年以上更新することになる。

　また，2021年8月に新たに発表された論文[2]によれば，バビロニアの人々はこの表を，土地の区画などにおいて，垂直に線を引いたり，目的の傾きの線を引いたりするのに使っていたようだ。

　バビロニアの数学では角度という概念が存在しなかったため，これを三角関数表とよべるのかについては議論が分かれるところだ。しかしいずれにしろ，三角関数のもととなる考え方が古代文明の生活に取り入れられていたことは確かである。

※1：Plimpton 322 is Babylonian exact sexagesimal trigonometry, Historia Mathematica（2017）
※2：Plimpton 322: A Study of Rectangles, Foundations of Science（2021）

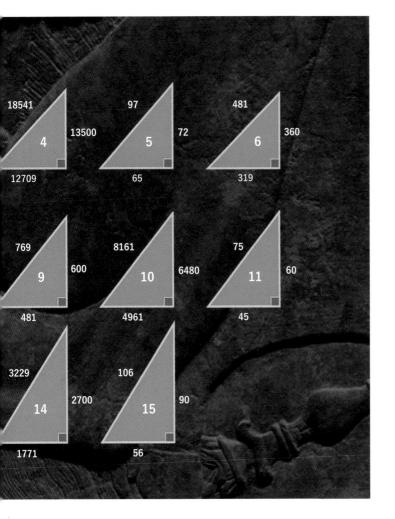

11行目

古代バビロニアの粘土板
（プリンプトン322）

この粘土板は，1900年代初頭にイラク南部で発見された。横幅がおよそ13センチメートル，縦幅が9センチメートル，厚さが2センチメートルで，右端の一部と左端が欠けている。

　記述は全部で4列，15行からなり，60進法による数字がくさび形文字で書かれている。右端の列に書かれているのは1から15までの数字で，右から2番目の列には直角三角形の斜辺の長さd，3番目の列には直角三角形の最も短い辺の長さsが書かれている。最も左の列は一部欠けていて完全には読み取れないが，$\left(\dfrac{d}{l}\right)^2$の値だと考えられている。これは，今でいうサインの逆数を2乗した値である。

① サインの逆数の2乗（$\dfrac{d}{l}$）^{2}

1の位	$\dfrac{1}{60}$の位	$\dfrac{1}{60^2}$の位
1	**33**	**45**

$(1 \times 1) + \left(\dfrac{33}{60}\right) + \left(\dfrac{45}{60^2}\right) = 1.5625$

※：粘土板から直接読み取ることはできないが，予想されている数字を示した。

② 横の辺の長さ s

1の位

45

$1 \times 45 = 45$

③ 斜辺の長さ d

60の位 　 1の位

1 　 **15**

$(60 \times 1) + (1 \times 15) = 75$

④ 行の番号

Ki 　 11

numberのような
意味をあらわす文字

2 章

三角関数の基礎

監修　小山信也
執筆　佐藤健一（42 〜 49ページ）

　高校の数学で学ぶ三角関数は，「サイン」「コサイン」そして「タンジェント」の三つである。これらについて勉強した記憶はあっても，それぞれにどのような特徴があり，またどのような場面で役立つのかについて，覚えて（知って）いる人は多くないだろう。2章ではこれらの基本について，わかりやすく紹介する。

2

コンパスと定規で「サイン」の値をはかってみよう

数学では，あたえられた値に対して何らかの値を出力するものを「関数」とよぶ。たとえば $y = 2x$ という式は，任意の値 x を入れると，y という値が出てくる関数といえる。

三角関数とは，<u>直角三角形の辺と角度についての関数である</u>。高校数学では，私たちは三つの三角関数を習う。その一つが「サイン（sin）」である。英語で合図や信号のことを"サイン"というが，これらとはまったく関係ない。ちなみにサインは，英語ではsineと書き，<u>日本語では「正弦」ともよばれる</u>。

円周率（π）は3.14…という決まった値をもつ「定数」だが，サインにはそうした値はない。「角度」があたえられてはじめて，その角度に対するサインの値が決まるのだ。

下図のような直角三角形の角度 θ（角度にあたえる記号によく使われるギリシャ文字で，シータと読む）に対するサインの値は「$\sin\theta$」と書き，「<u>（直角</u>三角形の）<u>高さを斜辺の長さで割った値</u>」として定義される。

30°に対するサインの値は？

ここで，30°に対するサインの値を実際にはかってみよう。右図のように，半径10センチメートルの円をえがくようにして，コンパスを真横の点（回転の開始点A）から反時計まわりに30°回転させる。このときの，鉛筆の先（点B）の高さをはかると，5センチメートルになる。これを半径（直角三角形の「斜辺の長さ」に相当）で割ると「0.5」となる。

> 30°に対するサインの値をはかる方法（→）

コンパスと定規を使って，30°に対するサインの値をはかる方法をえがいた。なお，サインの値は，直角三角形の辺の長さ（比）から計算で求めることもできる（左下の図）。

＊カッコ内の数字は，θ が30°のときの辺の比。

$\dfrac{②}{①} = \dfrac{高さ}{斜辺の長さ} = \sin\theta$

斜辺の長さ $\times \sin\theta =$ 高さ

【覚え方のポイント】
左・上段の関係式「分母→分子」の順は，筆記体の「s」の書き順と同じ。

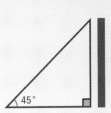

45°に対する
サインの値

$\sin 45° = \dfrac{\sqrt{2}}{2}$
$\fallingdotseq 0.71$

60°に対する
サインの値

$\sin 60° = \dfrac{\sqrt{3}}{2}$
$\fallingdotseq 0.87$

3. その5センチメートルを，半径の長さ（10センチメートル）で割った値が，30°に対するサインの値である。

sin 30°
= 0.5

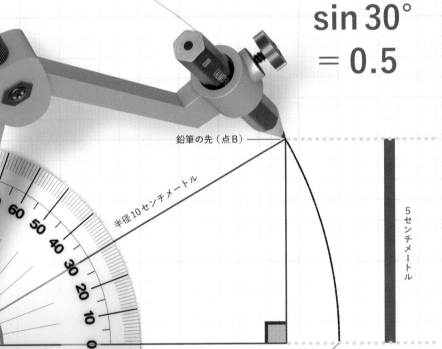

鉛筆の先（点B）

半径10センチメートル

5センチメートル

円の中心

回転の開始点（点A）

1. 分度器で30°をはかり，その角度だけコンパスを反時計まわりに回転させて，半径10センチメートルの円弧をえがく。

2. 鉛筆の先（点B）の高さを定規ではかると，5センチメートルになる。

サインの値は
ソーラーパネルの設置に役立つ

　サインの値は，私たちの日常生活の中で，どんなときに役立つのだろうか。

　たとえば，太陽光発電で使用する「ソーラーパネル」は，太陽光をできるだけ真正面から受け取れる角度に傾けて設置することが理想的だ。太陽光がさす角度（太陽高度）は一般に，緯度が高いほど小さく，緯度が低いほど大きくなる。そのため，設置する地域の緯度に応じて，ソーラーパネルを傾ける角度を決めることになる。北緯36度に位置する東京を例にみると，ソーラーパネルを南に向けて，地面から30°ほど傾けて設置するのが望ましいとされる。

縦幅1メートルのパネルを 30°傾けて設置するには？

　では，縦幅1メートルのソーラーパネルを30°の傾きで設置するには，背面の上端に設置する地面に垂直な支柱（右ページ図）を何メートルにすればよいだろうか。30°に対するサインの値（sin30°）は0.5だ。つまり，ソーラーパネルの縦幅が1メートルなら，それに0.5をかけて求めた「0.5」メートルの支柱を用意すればよいということになる（[斜辺の長さ]× sin θ＝[高さ]）。

　なお，任意の角度 θ に対するsin θ の値は，関数電卓や198ページに掲載した三角関数表を使って知ることができる。

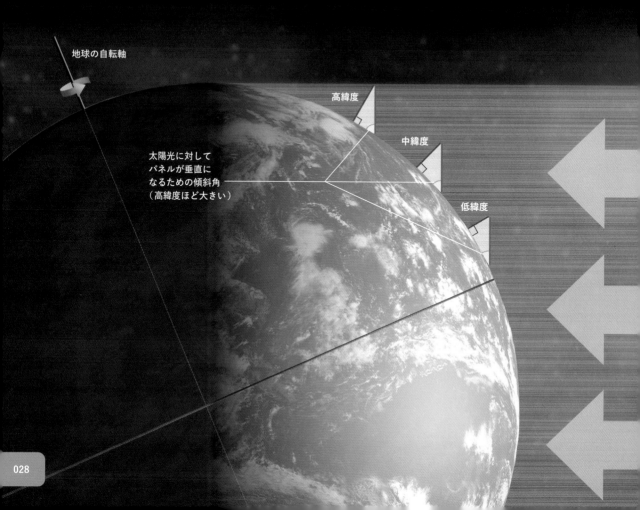

地球の自転軸

太陽光に対してパネルが垂直になるための傾斜角（高緯度ほど大きい）

高緯度

中緯度

低緯度

ソーラーパネル

ソーラーパネルの縦幅（直角三角形の斜辺の長さ）
＝1メートル

傾斜角 θ

支柱の長さ（直角三角形の高さ）＝ $\sin\theta$ メートル

太陽光

ソーラーパネルを南向きに設置するときの望ましい傾斜角は，札幌では35°，東京では30°，那覇では20°といわれている。それぞれの角度に対するサインの値がわかれば，設置に適した支柱の長さが判明する。

＊反射光による光害をさけるなどの理由で，角度を調整する場合もある。

札幌
（北緯43度）
35°

東京
（北緯36度）
30°

那覇
（北緯26度）
20°

コンパスと定規で
「コサイン」の値をはかってみよう

高校の数学で習う二つ目の三角関数は，「コサイン」である。数学での記号は「cos」で（英語でcosineと書く），日本語では「余弦」ともよばれる。

コサインはサインと同様に，角度があたえられてはじめて，それに対するコサインの値が決まる。

直角三角形の角度θに対するコサインの値は「cos θ」と書き，「（直角三角形の）底辺の長さを斜辺の長さで割った値」として定義される。

30°に対する
コサインの値は？

サインのときと同様に，30°に対するコサインの値を実際にはかってみよう。右ページの図のように，半径10センチメートルの円をえがくようにして，コンパスを真横の点（回転の開始点A）から，反時計まわりに30°回転させる。

このときの鉛筆の先（点B）と，円の中心との間の横方向の距離（緑の太線，直角三角形の「底辺の長さ」に相当）をはかると，約8.7センチメートルになる。これを，半径10センチメートル（同・「斜辺の長さ」に相当）で割ると「約0.87」という値が得られる。この約0.87が，30°に対するコサインの値である。

> ### 30°に対する
> ### コサインの値を
> ### はかる方法（→）

右には，コンパスと定規を使ってコサインの値をはかる方法をえがいた。

直角三角形の辺（比）で考えると，直角三角形の直角ではない一つの角をθとすると，[底辺の長さ]÷[斜辺の長さ]がcos θとなる。また，斜辺の長さが1なら，底辺の長さは「cos θ」の値になる。斜辺の長さにcos θを掛けると「底辺の長さ」になる（左下の図）。

＊カッコ内の数字は，
θが30°のときの辺の比。

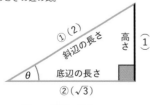

$$\frac{②}{①} = \frac{底辺の長さ}{斜辺の長さ} = \cos θ$$

斜辺の長さ ✕ cos θ ＝底辺の長さ

【覚え方のポイント】
左・上段の関係式「分母→分子」の順は，筆記体の「c」の書き順と同じ。

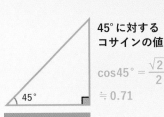

**45°に対する
コサインの値**

$\cos 45° = \dfrac{\sqrt{2}}{2}$

$\fallingdotseq 0.71$

45°

**60°に対する
コサインの値**

$\cos 60° = \dfrac{1}{2}$

$= 0.5$

60°

3. 約8.7センチメートルを半径の長さ
（10センチメートル）で割った値
が，30°に対するコサインの値だ。

cos 30°

$\fallingdotseq$ 0.87

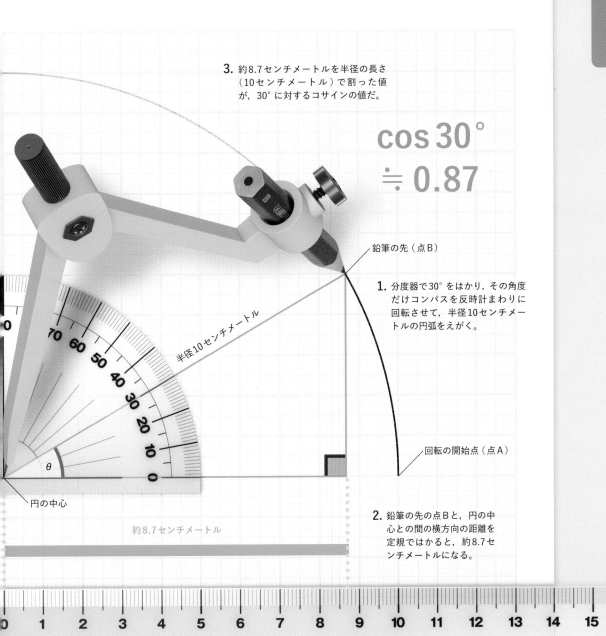

鉛筆の先（点B）

半径10センチメートル

1. 分度器で30°をはかり，その角度
だけコンパスを反時計まわりに
回転させて，半径10センチメー
トルの円弧をえがく。

70　60　50　40　30　20　10　0

θ

円の中心

約8.7センチメートル

回転の開始点（点A）

2. 鉛筆の先の点Bと，円の中
心との間の横方向の距離を
定規ではかると，約8.7セ
ンチメートルになる。

0　1　2　3　4　5　6　7　8　9　10　11　12　13　14　15

正確な地図をつくるために
コサインの値を駆使した伊能忠敬

GPSもなく，三角測量もまだ国内では知られていなかった江戸時代に，きわめて正確な日本地図をつくった人物として知られるのが，伊能忠敬である。忠敬の偉業を支えたのは，コサインなどの三角関数だった。

忠敬は日本全国をみずからの足で歩き，2地点間の距離を計測することを根気よくくりかえした。距離の計測は，歩いた歩数から換算するのではなく，縄や鎖を使って正確に行われた。

忠敬がコサイン（の値）を使ったのは，傾斜がある場所での距離の計測である。**傾斜がある場所ではかった2地点間の距離は，直角三角形の斜辺の長さにあたる。**

忠敬は，「象限儀」という器具で傾斜角をはかり，その角度に応じたコサインの値を，携帯していた「八線表」で調べた。八

線表とは，今でいうサイン，コサイン，タンジェントなどの値の一覧表である。忠敬はその値を「斜面の長さ」に掛ける※ことで，地図上の距離（水平距離）を求めたという。

※：［斜辺の長さ］×cos θ＝［水平距離］。

> ## コサインを使って
> ## 斜面の距離を水平距離に換算

コサインの値を使えば，傾斜がある場所ではかった距離を，水平距離に換算できる。忠敬はその換算に必要な一覧表を，つねに持ち歩いていたといわれている。

1. 「梵天（ぼんてん）」を持つ人物の目の高さにあわせた象限儀で，傾斜角をはかる。

斜面上の距離

象限儀
（重力で真下に向く棒の先から，象限儀を傾けた角度がわかる）

傾斜角 θ

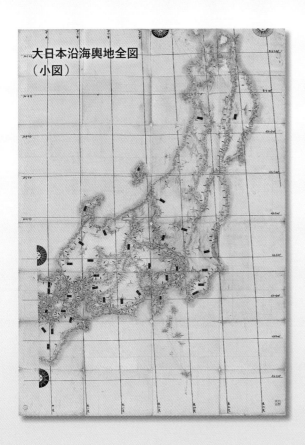

大日本沿海輿地全図
（小図）

伊能忠敬
（1745〜1818）

梵天

2. 「鉄鎖（てっさ）」とよばれる道
具などを使って，斜面上の距離
をはかる。

鉄鎖

3. 求めた傾斜角に対するコサイン
の値を八線表から求め，その値
を斜面上の距離に掛けて，水平
距離に換算する。

水平距離＝（斜面上の距離）× $\cos\theta$

コンパスと定規で「タンジェント」の値をはかってみよう

　三つ目の三角関数は「タンジェント（tan）」である。英語でtangent（接線の意味）と書き，**日本語では「正接」ともよばれる**。サイン，コサインと同じく，角度があたえられてはじめて，それに対するタンジェントの値が決まる。

　下図のような直角三角形の角度θに対するタンジェントの値は「$\tan\theta$」と書き，その値は**「（直角三角形の）高さを底辺の長さで割った値」として定義される**。

30°に対するタンジェントの値は？

　30°に対するタンジェントの値をはかってみよう。ただし，サインやコサインとは少しだけやり方がことなる。

　まず，コンパスで半径10センチメートルの円をえがき，30°回転させたときの鉛筆の先に印をつける。そして円の中心とその印を通る直線を引き，コンパスの回転の開始点（点A）の真

上（点B）までのばす。そこから点Aまでの距離をはかると（直角三角形の「高さ」に相当），約5.8センチメートルになる。これを，半径10センチメートル（同・「底辺の長さ」に相当）で割った**「約0.58」が，30°に対するタンジェントの値である**。

　さて，ここまでみてきたように，直角三角形の辺の比で定義した三角関数は，0°から90°までの角度しかあつかえない。しかし，円上でコンパスをさらに回転させて考えれば，どんな角度でもあつかうことができる。このような"角度のしばりを取り除いた三角関数"は，4章でくわしく紹介することにしよう。

> 30°に対する
> タンジェントの値を
> はかる方法（→）

コンパスと定規を使って，タンジェントの値をはかる方法をえがいた。［高さ］÷［底辺の長さ］が$\tan\theta$となる（左下の図）。

＊カッコ内の数字は，
θが30°のときの辺の比。

$$\frac{②}{①} = \frac{高さ}{底辺の長さ} = \tan\theta$$

【覚え方のポイント】
左の関係式の「分母→分子」の順は，筆記体の「t」の書き順と同じ。

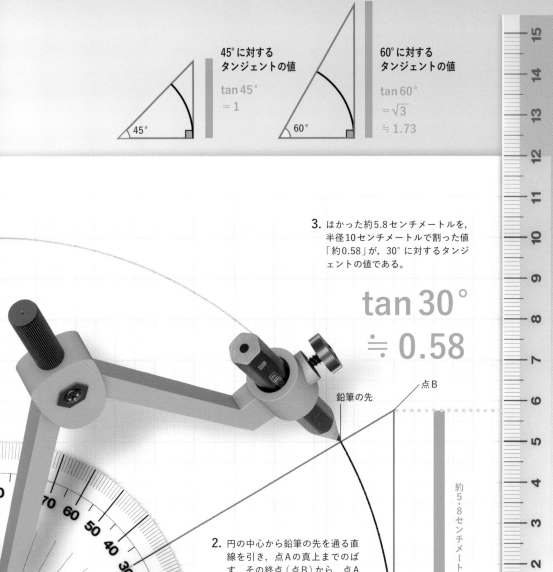

**45°に対する
タンジェントの値**

tan 45°
= 1

45°

**60°に対する
タンジェントの値**

tan 60°
= √3
≒ 1.73

60°

3. はかった約5.8センチメートルを，
半径10センチメートルで割った値
「約0.58」が，30°に対するタンジ
ェントの値である。

tan 30°
≒ 0.58

点B

鉛筆の先

約5・8センチメートル

2. 円の中心から鉛筆の先を通る直
線を引き，点Aの真上までのば
す。その終点（点B）から，点A
までの距離をはかる。

θ

円の中心

回転の開始点（点A）

1. 分度器で30°をはかり，その角
度だけコンパスを反時計まわり
に回転させ，半径10センチメー
トルの円弧をえがく。

スロープの傾斜は
タンジェントの値であらわされる

　バリアフリー社会をつくるうえで，タンジェントの値は重要な意味をもっている。

　高齢者や障がい者が移動しやすい街づくりの基準となる「バリアフリー法」は，車いす用スロープの勾配（こうばい）を「$\frac{1}{12}$ 以下」と定めている。この $\frac{1}{12}$ という勾配は，水平方向の長さ12に対して高さが1となる傾斜の大きさをあらわしたものだが，**これはタンジェントの値そのものである**。

　タンジェントの値が $\frac{1}{12}$ となるような角度とは，具体的に何度なのだろうか。こういうときに役立つのが「三角関数表」である（→198ページ）。$\frac{1}{12}$ は，小数であらわすと約0.0833だ。$\tan 4° ≒$ 0.0699，$\tan 5° ≒ 0.0875$ なので，前述の角度は4°から5°の間だとわかる（より正確には約4.8°）。車いす用スロープは，この角度よりもなだらかにすることが求められる。

街中の
"タンジェント"

上の写真は，東京都庁の車いす用スロープ。スロープの勾配（傾斜角のタンジェントの値）は，$\frac{1}{12}$ 以下になるように定められている。右の「10%」という道路標識も，坂道の勾配を示す値だ。10%，つまり0.1となる角度は，三角関数表から5°から6°の間であるとわかる（より正確には約5.7°）。

傾斜角 θ

勾配（tan30°）
$= \frac{1}{\sqrt{3}} ≒ 0.58$

$\tan \theta$

傾斜角4.8°

勾配（tan4.8°）
$≒ \frac{1}{12}$
$≒ 0.0833$

関数には「変数」と「定数」が含まれる

26ページの冒頭で，三角関数の「関数」について簡単に説明したが，本節では，関数に登場する「変数」と「定数」について，くわしくみていくことにしよう。

$y = ax + 5b$ といった文字式に登場する，「x」や「y」などの，アルファベットのうしろのほうの文字は，主に変数をあらわすために使われる。**変数とは，時間や条件によって変化する，一つに定まっていない数のことだ。**

たとえば，スーパーAで売られている卵1パック（10個入り）の値段を「x」とする。卵の値段は日によって，100円だったり，特売で80円だったりとさまざまな値をとるので，x は変数だ。卵1個あたりの値段を「y」とすると，1パックに10個入っているので，$y = \dfrac{x}{10}$ と表現することができる。このとき，y の値も変数 x に連動して変化するので，変数である。

一方で，文字式に登場する「a」や「b」などの，アルファベットの最初のほうの文字は，ある決まった数（定数）をあらわすときに主に使われる。

たとえば，スーパーAでは，レジ袋がいつも「a」円だとする。1パック「x」円の卵3パックを買ったときの合計金額「y」は，$y = 3x + a$ と表現できる。卵の値段（x）は日によってかわる変数だが，レジ袋の値段（a）は一定なので定数だ。

このことは，三角関数でも同じだ。たとえば $y = \sin \theta$ という式の場合，「y」や「θ」といった文字が変数にあたる。θ には「30°」や「60°」といった角度が入る。

ちなみに，x や y で変数を，a や b で定数をあらわす表記法は，フランスの数学者ルネ・デカルト（1596 ～ 1650）が使いはじめたといわれている。

変数と変数の対応関係が「関数」

スーパーAではレジ袋がつね

変数
時間や条件によって変化する数を，変数という。変数をあらわす文字としては，x，y，z が主に使われる。そのほか，変数が時間であるときは「t」（時間：time の頭文字）が使われたり，速度であるときは「v」（速度：velocity の頭文字），角度であるときは「θ」が使われたりすることがある。

定数
時間や条件によってかわらない，ある決まった数のことを定数という。a，b，c などが主に使われる。ほかにも，円周率「π」や，自然対数の底「e」など，特別な文字が割りあてられる定数もある。

に5円だとすると、卵3パックを買ったときの合計金額 y は、$y = 3x + 5$ であらわせる。

ある日、卵が100円だったとする。このときの合計金額は、$y = 3 \times 100 + 5 = 305$（円）となる。$y$ は、卵の値段 x が決まると、一つに決まる。

このように、二つの変数があり、一方の変数の値が決まると、もう一方の変数の値が一つに決まるような対応関係のことを「関数」とよぶ。前述の例（$y = 3x + 5$）では、変数 x の値が決まると、もう一方の変数 y の値が決まるので、「y は x の関数」であると表現する。

三角関数でいえば、$y = \sin \theta$ という関数の「θ」に「30°」を代入すれば、$\sin 30° = \frac{1}{2}$ と、もう一方の変数 y の値も決まる。

このように関数は、ある数を入れると、中で何らかの計算をして、その計算結果を返してくれる"不思議な入れ物"にたとえることができる（右図）。

「関数」と「方程式」は混同しやすい

関数は英語で「function」と表現する。functionはもともと、「機能」や「作用」という意味をもつ単語だ。関数を function とよびはじめたのは、微積分をつくりあげた一人ゴットフリート・ヴィルヘルム・ライプニッツ（1646 ~ 1716）である。

y が x の関数であるということを、$y = f(x)$（エフエックスと読む）と表現することがある。「f」は、functionの頭文字だ。

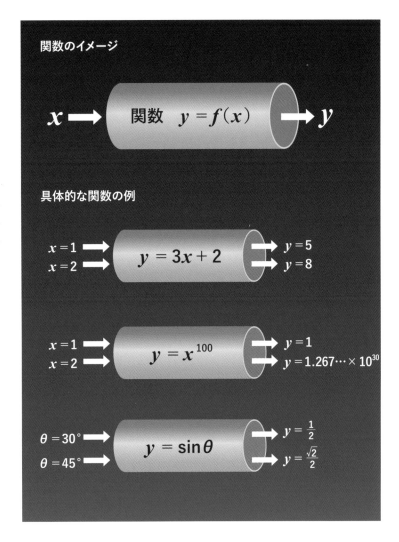

関数のイメージ

$$x \rightarrow \boxed{関数 \quad y = f(x)} \rightarrow y$$

具体的な関数の例

$$x = 1, \ x = 2 \rightarrow \boxed{y = 3x + 2} \rightarrow y = 5, \ y = 8$$

$$x = 1, \ x = 2 \rightarrow \boxed{y = x^{100}} \rightarrow y = 1, \ y = 1.267\cdots \times 10^{30}$$

$$\theta = 30°, \ \theta = 45° \rightarrow \boxed{y = \sin \theta} \rightarrow y = \frac{1}{2}, \ y = \frac{\sqrt{2}}{2}$$

このとき $f(x)$ は、x の関数一般をあらわしているので、具体的な中身は「x」でも「$x^5 + 4x^2 - 90$」でも「x^{100}」でも何でもかまわない。ちなみに、$x = 1$ のときの y の値は「$y = f(1)$」とあらわす。

また、関数と混同しやすい言葉に「方程式（equation）」がある。関数も方程式も「x」や「y」が登場し、左右が「$=$」で結ばれているが、関数と方程式は別物だ。

方程式とは、ある条件における未知の数（たとえば x）を求めるためにあたえられた式のことである。スーパーの卵の例であれば、卵3パックを購入したときの合計金額（y）がレジ袋とあわせて305円のとき、卵の値段（x）はいくらになるかを求めるための式は「$305 = 3x + 5$」となるが、これは方程式である。この方程式を解く（x の値を計算して突き止める）と、$x = 100$ となる。

東京スカイツリーまでの距離を三角関数ではかる

三角関数を使えば，身のまわりのものの，おおよその距離や高さを簡単に求めることができる。

たとえば東京スカイツリーのような，高さがすでにわかっている建物が，自分から見える位置にあったとする。このとき，スカイツリーの先端を見上げる角度（仰角）がわかれば，タンジェントを使ってスカイツリーまでの水平方向の距離を求めることが可能だ。

仰角はスマートフォンのアプリを使えば，容易に知ることができる。仰角を θ とおくと，

$$\tan \theta = \frac{（スカイツリーの高さ - 目線の高さ）}{スカイツリーまでの距離}$$

という関係が成り立つので，スカイツリーまでの距離は，

$$= \frac{（スカイツリーの高さ - 目線の高さ）}{\tan \theta}$$

となる。

ほかにも山の頂上など，高さがわかるものであれば，そこまでの水平方向の距離を求めることができるだろう。$\tan \theta$ の値は，三角関数表やスマートフォンの電卓アプリを使えば知ることができる。

直線距離がわかれば高さがわかる

逆に，高さがわからない建物や木などについても，直線距離と仰角がわかれば，高さを求めることができる。この場合，まず巻き尺や歩幅などを使って，目標物までの直線距離をはかる。次に，仰角をはかる。すると，「$\tan \theta \times$ 直線距離 + 目線の高さ」で目標物の高さが求められる。

目線の高さ
約1.5メートル

🍎 目標物までの直線距離の求め方 （→）

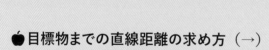

外に出て，まわりに高い建物がないかさがしてみよう。その建物の高さが公開されていれば（スカイツリーは，高さ634メートル），スマートフォンを使って仰角をはかることで，その建物までの直線距離を求めることができる。

仰角がはかれるアプリには，iPhoneであれば「計測」，Androidの場合は「分度器：Smart Protractor」などがある。

スカイツリーの高さ－目線の高さ
約（634－1.5）メートル

$$\tan\theta = \frac{\text{スカイツリーの高さ－目線の高さ}}{\text{スカイツリーまでの距離}}$$

$$\tan35° = \frac{(\text{スカイツリーの高さ－目線の高さ})}{\text{スカイツリーまでの距離}}$$

$$\text{スカイツリーまでの距離} = \frac{(\text{スカイツリーの高さ－目線の高さ})}{\tan35°} = \frac{(634－1.5)}{0.7002\cdots} ≒ 903\text{メートル}$$

$\theta = 35°$

スカイツリーまでの距離
約903メートル

日本における
三角関数の歴史

執筆　佐藤健一

　三角関数といえば，sinやcos などが含まれる関数のことであるが，江戸時代の日本に伝わったものはその元となる三角比のようなものだった。三角比はアラビアの数学者アル・フワーリズミー（780ごろ～846ごろ）が，直角三角形の二辺の比として考えたといわれており，ヨーロッパでは18世紀にレオンハルト・オイラー（1707～1783）が定義したといわれている。

　角と正弦などの値を表にした「三角関数表」は，古くからつくられていた。天文学や測量の計算では，三角関数表が役に立つ。最古のものは，古代ギリシャの天文学者ヒッパルコス（前190ごろ～前120ごろ）の「弦の表」，

つづいて，クラウディオス・プトレマイオス（83ごろ～168ごろ）の『アルマゲスト』の中にある表だ。

　現在使われているような表も，ヨーロッパから生まれた。「正弦の表」は，対数の発見者として知られるスコットランドのジョン・ネイピア（1550～1617）が作成したもので，右ページ図Aのように，AB = 1，∠A= α とした場合のBCを α の正弦としている。

　それがヨーロッパの宣教師によって中国へ伝えられ，中国語に訳されて漢文の『暦算全書』や『崇禎暦書』，『数理精蘊』として日本に伝わったのである。

　江戸時代に入っても，日本で

は現代数学で使っている角を正しく理解していなかった。和算の中には「角術」という計算法がある。ここでは角を「カク」と読んでいるが，この角の意味は，現在の角の意味とはことなり，「カド」のことをさす。中国からの影響で，天周は365.25度としていた。これは，1年を365日と4分の1日とする「四分節」からきている。西洋では360度であるから，365.25度と360度では，1度の大きさが少しことなる。

　江戸幕府は寛永7年（1630年）の徳川家光の時代に，キリシタン関係の『天学初函』および漢文で書かれた32種の書物を輸入禁止，すなわち御禁書と

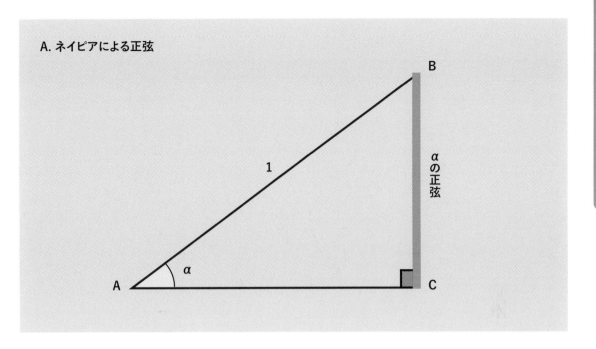

A. ネイピアによる正弦

B

1

αの正弦

A

α

C

した。これらの書物は、ヨーロッパ宣教師が中国で中国語に訳したものであり、その中には数学の書物もあった。たとえば、『測量法義』『勾股義』『幾何原本』『同文算指』などである。

多くのヨーロッパの数学書が中国語に訳されていたこともあり、中国では、それまでの伝統数学の数学書よりも、ヨーロッパの数学書がより多く刊行されていたといわれている。

一方、江戸初期の日本では、中国語訳のヨーロッパの書物はあまり興味がもたれなかった。しかし、八代将軍の徳川吉宗の時代になると様子がかわってくる。吉宗はいくつもの改革を行ったことで知られるが、学問についても振興に努力した。吉宗は中国で出版された天文暦学の書物に関心をもっていた。改暦

（使用されている暦法を改めること）にも意欲を示し、長崎に入ってくる中国書の中から『暦算全書』に目をつけた。

日本で最初に三角法に取り組んだ、江戸時代中期の数学者、建部賢弘（1664 ～ 1739）は、西洋の1度のことを「1限」とした。1度という単位はすでに存在していたことから、別の単位を使ったのかもしれない。建部賢弘が西洋の数学書などを読むことができたのは、八代将軍の徳川吉宗に暦算に関する顧問として仕えていたためだ。

建部賢弘の「算暦雑考」

建部賢弘は、徳川幕府の右筆（中世・近世に置かれた武家の秘書役を行う文官）である建部直恒（1620 ～ 1702）の三男とし

て、1664 年に江戸で生まれた。数え年13 歳のとき、甲府藩士の関孝和に、兄の建部賢明とともに入門した。関はこの年の12 月に『發微算法』を著して、日本中の数学者に衝撃をあたえた人である。建部賢弘は関孝和の指導のもとで、数学の力を高めた。29 歳のころには関孝和と同じ甲府藩主に仕え、藩主の徳川綱豊（のちに家宣となる）が五代将軍の世継ぎとなり、江戸城西の丸に移ると、関孝和同様幕府直属の士となった。役は納戸番であった。

建部賢弘は六代将軍の徳川家宣、七代将軍の徳川家継、八代将軍の徳川吉宗に仕えた。とくに吉宗には算暦（算法と暦法）の顧問の役として仕え、吉宗から重要視されたことから、70 歳になって隠居が認められるまで

江戸城勤務がつづいた。そのため，直接の弟子はあまりいなかった。

『徳川実紀』（附録巻十五）によれば，唐の国の船が長崎に『暦算全書』を持ってきた。徳川吉宗は建部賢弘に，この本の訳を命じた。建部の推薦を受け，弟子で京の銀座役人である中根元圭（1662～1733）が訳書を提出し，「この書には，別に『暦算全書』があって，今回訳したのはその抄録である。すべてを見なければ，本当のものはわからない」と述べた。そこで吉宗は，長崎奉行の萩原美雅に命じて完全な『暦算全書』を取り寄せた。中根元圭がまず訓点をつけ，誤りを朱で訂正し，これを建部賢弘は5年もの間熟読したのちに序文を書き，享保18年（1733年）に吉宗に奉呈した。

建部賢弘が三角法を知ったの

は，おそらくこの中国書である『暦算全書』によるものと思われる。しかし，『暦算全書』には三角関数の表は載っていない。『暦算全書』を5年もの間熟読する中で，表が必要であると考えたはずだ。建部賢弘自身で表をつくろうとしたのだろう。そのために書いたのが，『算歴雑考』であるとも考えられている。

『算歴雑考』には，いくつもの表がある。その一つが，直径1尺の円について，1限から90限までの1限ごとの半背（弧），矢（右ページB1の八線における正矢のこと），半弦（B1の八線における正弦のこと）の長さをあらわした表である（下図）。半背は円周を360等分した1限における弧から求めることができる（建部はこれ以前に，円周率を求める公式をみちびき，小数点以下41けたまで求めてい

る）。半弦と矢の値は，1限の弦→2限の矢→4限の弦→8限の矢…と2倍角について順に求める「倍術」のほか，3倍角について求める「三双術」や，現代の三角関数における「加法定理」に相当する公式を論じた「併接術」をもとにして求められた。

中根元圭の『八線表算法解義』

三角法をあつかうこの当時の稿本としてはほかにも，中根元圭の書いた『八線表算法解義』（学士院その他所蔵）がある。中根元圭は『暦算全書』のほかに，それよりも少し遅れて伝えられた『数理精蘊』や『崇禎暦書』を読んでいるため，使われている用語も建部賢弘のものとはまったくことなる。

右に示したB1は，そこで使われている八線，すなわち「正

『算歴雑考』に掲載されている表（→）

建部賢弘の『算歴雑考』には，半径5寸（直径1尺）の円における1限から90限まで，1限ごとの「半背」「矢」「半弦」の長さが示されている。はじめの1限から15限までは，右のとおりだ。角を θ（ラジアン），半径を r（＝5寸）とあらわすとき，半背は $r\theta$（中心角 θ における弧），矢は $r(1-\cos\theta)$（八線でいう正矢），半弦は $r\sin\theta$（八線でいう正弦）の値になっている。

限数（角度）	半背	矢	半弦
1限	0.087266462600	0.00076152421805	0.087262032187
2限	0.17453292520	0.0030458649045	0.17449748351
3限	0.26179938780	0.006852362272	0.26167978122
4限	0.34906585040	0.01217974871	0.34878236872
5限	0.43633232300	0.019026509541	0.43377871374
6限	0.52359877560	0.027390523159	0.52264231634
7限	0.61086523820	0.037269241793	0.60934671703
8限	0.69813170080	0.048659656293	0.69586550480
9限	0.78539816340	0.061558297525	0.78217232520
10限	0.87266462600	0.075961234940	0.86824088834
11限	0.95593108860	0.091864082762	0.9540448788
12限	1.0471975512	0.10926199633	1.0395584541
13限	1.1344640138	1.2814967607	1.1247552717
14限	1.2217304764	1.4852136862	1.2096094780
15限	1.3089989390	1.7037086855	1.2940952255

矢」「余矢」「正弦」「余弦」「正切」「余切」「正割」「余割」の8種について示している。半径が1寸の円についてのものである。

　また三角関数の値については，部分的だが，表の形で載っている。表を使ったいくつかの練習問題も含まれている。ここで，その一つを紹介しよう（→次ページにつづく）。

【問題】
直径が8寸，矢が1寸のときの背（円弧）はいくらか。
＊下図B2参照。

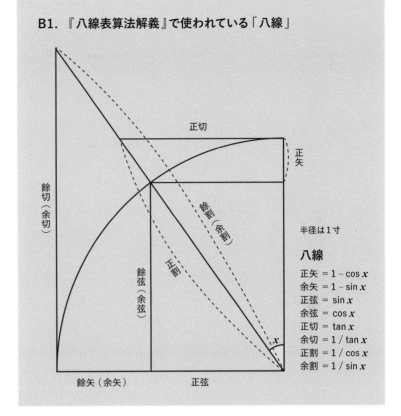

B1. 『八線表算法解義』で使われている「八線」

正切

正矢

餘割（余割）

餘切（余切）

餘弦（余弦）

正割

x

餘矢（余矢）　正弦

半径は1寸

八線
正矢 $= 1 - \cos x$
余矢 $= 1 - \sin x$
正弦 $= \sin x$
余弦 $= \cos x$
正切 $= \tan x$
余切 $= 1 / \tan x$
正割 $= 1 / \cos x$
余割 $= 1 / \sin x$

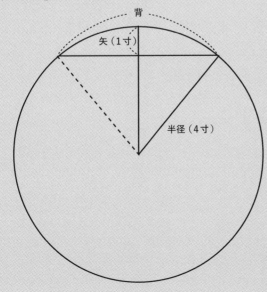

B2. 『八線表算法解義』にある問題

背

矢（1寸）

半径（4寸）

＊下の表は，この問題を解くために用意した。

角	余弦
41度24分	0.7501111
41度25分	0.7499187
41度26分	0.7497262

【答】 5寸7分805強

【計算法】 半径4寸から矢1寸を引き，3寸になる。余弦に相当する値を求めるために，3を4で割ると0.75になる。45ページB2右下の表の余弦が0.75になるのは，41°25′が0.7499187で，41°24′が0.7501111なので，角は41°24′強となる。したがって，分を度に変換して，約41.4°となる。円周の長さは8πなので，$41.4° × 2 = 82.8°$の弧の長さは，$8\pi ÷ 360 × 82.8 ≒ 5.7805$…となる。

森正門の『割円表』

徳川吉宗の時代に，関孝和の数学の後継者である建部賢弘やその弟子である中根元圭などによって研究されはじめた三角法であるが，その後しばらく跡を継ぐ人があらわれなかった。建部賢弘たちは円における弧の計算などを得意としていたので，三角法を受け入れることは容易だった。三角法は意味がわかってしまえば，むずかしいことではない。そのため，難解な問題を考えて解決することに興味があった和算の研究者たちは，三角法に関心を示さなかったのかもしれない。

それでも建部賢弘たちから50年がたったころ，三角法に関心を示す人たちがあらわれた。『暦算全書』にある「平三角舉要」や「弧三角舉要」は，幕末の有力な和算家にも影響をおよぼしたといわれている。安島直円（1732～1798）は『弧三角』，坂部広胖（1759～1824）は『管窺弧度捷法』，会田安明（1747～1817）は『八線表用法』などを著した。これらは，三角法をあらわしている書物のほんの一部である。

数学を使った測量については，土地の広さやものの長さ，川幅の長さなどの測定に「相似」が使われていた。測量にたずさわる人々の間では，三角法を使うことの便利さは知られていたが，相似を使った方法でかなり正確に測量することができた。

室町時代においても，三角関数表を使わない従来の方法で，遠方にある物体までの距離を計算する方法が書物に書かれていた。これは，一説によれば「南蛮流測量術」といわれている。京都の保津川や高瀬川の開削工事で知られる京都の豪商角倉了以（1554～1614）の弟で，徳川家康の侍医であった吉田宗恂（1558～1610）の『三尺求図数求路程求山高遠法』に書かれている。この内容は，少しのちに砲術の免許状にも書かれた。

三角関数表を使う測量が幕末近くになって復活したのは，測量機械の精度が，三角関数表のかなり正確な値に見合ったものになってきたためだろう。幕末の少し前に，江戸時代の商人で測量家の伊能忠敬（1745～1818）が日本沿岸の地図をつくっており，測量においては三角法や八線表も使っていた。完全な三角関数表を載せた刊行物は，阿州藩の森正門の『割円表』が最初といわれている。

幕末，日本の沿岸には外国船の往来が目立ちはじめていた。目撃した国の大名はもちろんのこと，一般の人々にとってもかなりの脅威となっていた。四国

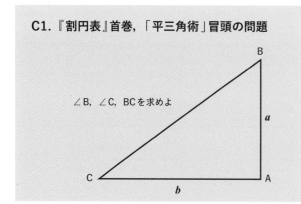

C1.『割円表』首巻，「平三角術」冒頭の問題

∠B，∠C，BCを求めよ

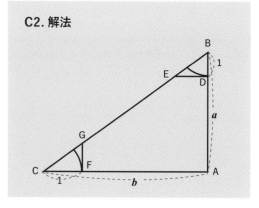

C2. 解法

の南東に位置する阿波藩もその一つで，森正門が『割円表』をつくったのもそのためだった。

『割円表』の首，上，下の3巻は，安政5年（1858年）に刊行された。安政4年（1857年）の序文もある。首巻では「平三角術」として，次のようにはじまる。

「直角三角形で，仮に左ページC1のように頂点をA，B，C，辺AB＝a，AC＝bとするとき，∠B，∠C，BCを求める方法を答えよ。a，b，∠A＝直角は，あたえられているとする」

その方法はC2のように，まず，半径1の円を点B，Cを中心として書く。円Bと線分ABとの交点をDとし，Dを通りACに平行な直線が辺BCと交わる点をEとすると，EDは∠Bの正切（正接：タンジェント）になる。

同じように，点Cを中心として半径1の円が辺ACと交わる点をF，Fを通りABに平行な直線がBCと交わる点をGとすると，GFは∠Cの正接である。

△ABCと△DBEは相似なので，

$$\frac{a}{b} = \frac{1}{ED} \quad \therefore ED = \frac{b}{a}$$

また，△ABCと△FGCは相似なので，

$$\frac{a}{b} = \frac{GF}{1} \quad \therefore GF = \frac{a}{b}$$

となる。a，b は最初にあたえられているので，EDとGFは求めることができる。EDは∠Bの正接であるから，その値を八線表でさがし，そのときの角を読めば，∠Bがわかる。GFは∠Cの正接であるから，八線表でその値に対応する角をさがせば，∠Cが求められる。

法道寺善の『算法量地初歩』

さて，文化・文政の時代から，旅をしながら数学を教える，旅好きの数学者たちがみられるようになった。このような数学者のことを，現在では「遊歴算家」とよんでいる。遊歴算家の多くは，一つの国の中をまわり定期的に教える人だったが，全国を旅する人もいた。たとえば，関流長谷川道場に所属する山口和（？〜1850）は，南は九州島原諸島から北は青森恐山までを縦横無尽に遊歴した。行く先々で求められる数学を教え，土地の数学自慢の人と問答し，神社仏閣に掲げられている算額を記録し，その地方の数学のレベルや状況について江戸の長谷川寛に

写真は，東京都渋谷区にある金王八幡宮（こんのうはちまんぐう）の「算額（さんがく）」。江戸時代には，和算の問題や解法を絵馬に書き，神社仏閣に奉納する算額という風習が流行した。難問が解けたことを神に感謝したり，難問を考えだした人物が作品を発表したりする目的で行われていたという。

手紙を送るなど，かなりのハードスケジュールをこなしていた。

森正門の『割円表』が刊行された翌年の1859年には，遊歴算家（ゆうれきさんか）の一人で，関流宗統の内田五観（いつみごかん）の高弟である法道寺善（ほうどうじぜん）（1820〜1868）は，全国で名の知れている力のある数学者を対象とした遊歴を行っていた。教授に必要な書物などをいっさい持たずに旅をし，遊説先で書物を書きあたえた。宿泊先の池田家（いけだけ）に残された『算法量地初歩（さんほうりょうちしょほ）』は，三角法を用いた測量について書かれたもので，測量道具や，これらの道具の利用例が示されている（下図E）。

最初の例は，陸から離れた島の横に停泊している異国船までの距離を求めるものである（右図D。原図は右ページ）。測る側（こう）の浜に，二つの点として甲と乙（おつ）

を定める。最初に，甲乙間の長さを，「水縄（みずなわ）」を使って測る（①）。甲に「経緯簡儀（けいいかんぎ）」を置き，乙に「目眅（めき）」（目印）を置く。経緯簡儀により，∠船甲乙の角を測る

ことができる（②）。次に，目眅を甲に移し，乙に経緯簡儀を運び，乙から船を見て，∠船乙甲の角を測る（③）。直角三角形ではないので，すぐに船と甲，船

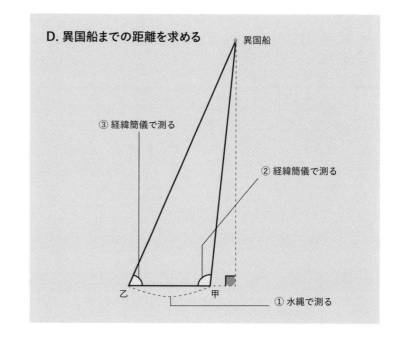

D. 異国船までの距離を求める

異国船

③ 経緯簡儀で測る

② 経緯簡儀で測る

乙　　甲

① 水縄で測る

E.『算法量地初歩』にえがかれた測量の道具と使用例

経緯簡儀全図

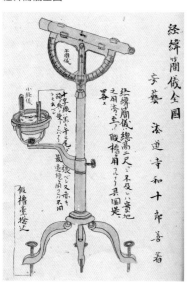

観経儀（かんぎょうぎ）

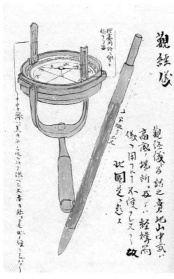

全円儀（ぜんえんぎ）

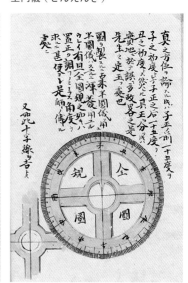

と乙の距離を求めることはできないが，書の中では，一つの角が直角の場合，鋭角の場合，鈍角の場合についての問題が出されている。

それぞれについて距離を求めることは簡単だが，答えを求めるのに最も必要な八線表や，答えは書かれていない。『割円表』が刊行されたあとなので，池田

氏は，これをすでに持っていたのだろう。池田氏は法道寺善のところにその八線表を持参し，教えを請うたと考えられる。

（↓）測量の道具を使って，異国船までの距離を測る方法

渾發　白線規　黒線規　曲尺

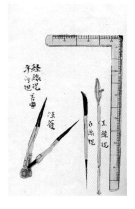

目盼　間竿　水縄　合図

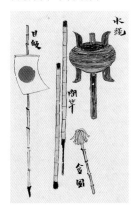

3章

三角関数の重要公式

監修　小山信也

執筆　math channel（沼 倫加，横山明日希，吉田真也）（68 〜 73ページ）／
　　　祖父江義明（74 〜 75ページ）

　加法定理や余弦定理など，三角関数にはさまざまな公式がある。テスト前に，必死に頭に入れた思い出のある人もいるだろう。一見むずかしそうなこれらの公式も，図を使って考えるとすっきりと理解することができる。なお,本章の最後には練習問題も載せたので，ぜひチャレンジしてみてほしい。

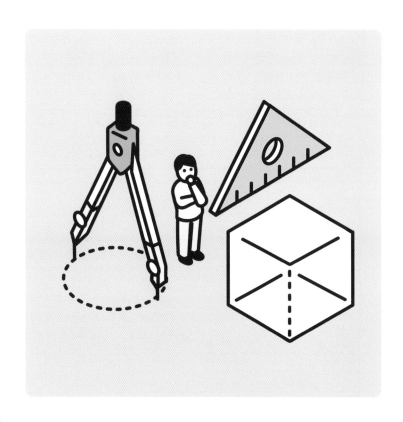

3

サイン・コサイン・タンジェントには密接な関係がある

2章では，「サイン」「コサイン」「タンジェント」の3種類の三角関数についてそれぞれ紹介したが，これらの間には密接な関係がある。

まず，サインとコサインの関係をみてみよう。直角三角形には，直角ではない角が二つある。内角の和は180°なので，直角以外の二つの角の和は90°になる。片方の角（θ）に対して，もう一つの角（$90° - \theta$）のことを「余角」とよぶ。実は，コサインとは「余角のサイン」にほかならない。つまり，$\sin(90° - \theta) = \cos\theta$ が成り立つのである（下図）。また反対に，$\cos(90° - \theta) = \sin\theta$ も成り立つ。

さらに，直角三角形では三平方の定理が成り立つので，サインの2乗とコサインの2乗を足すと必ず1になる（右ページ上段の図）。これも，サインとコサインを結びつける重要な関係である。

一方で，タンジェントも，サインやコサインと結びついている。タンジェントは，サインをコサインで割ったものに等しいためだ（右ページ下段の図）。

これらの関係を知っていると，サイン・コサイン・タンジェントのうち，どれか一つの値しかわかっていないときに，ほかの二つの値を計算でみちびきだすことができる。

サイン・コサイン・タンジェントを結ぶ関係

三角関数どうしを結びつける，三つの関係を示した。

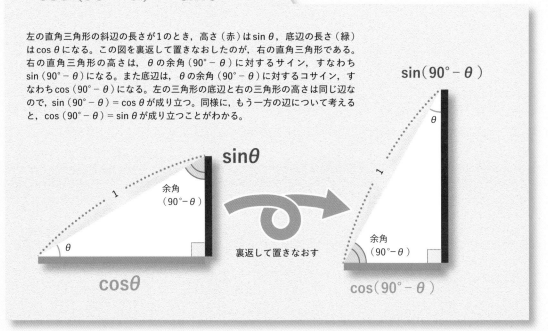

$$\sin(90° - \theta) = \cos\theta$$
$$\cos(90° - \theta) = \sin\theta$$

左の直角三角形の斜辺の長さが1のとき，高さ（赤）は $\sin\theta$，底辺の長さ（緑）は $\cos\theta$ になる。この図を裏返して置きなおしたのが，右の直角三角形である。右の直角三角形の高さは，θ の余角（$90° - \theta$）に対するサイン，すなわち $\sin(90° - \theta)$ になる。また底辺は，θ の余角（$90° - \theta$）に対するコサイン，すなわち $\cos(90° - \theta)$ になる。左の三角形の底辺と右の三角形の高さは同じ辺なので，$\sin(90° - \theta) = \cos\theta$ が成り立つ。同様に，もう一方の辺について考えると，$\cos(90° - \theta) = \sin\theta$ が成り立つことがわかる。

$\sin\theta$

余角
（$90° - \theta$）

θ

$\cos\theta$

裏返して置きなおす

$\sin(90° - \theta)$

θ

余角
（$90° - \theta$）

$\cos(90° - \theta)$

$\sin^2\theta + \cos^2\theta = 1$

＊上の式の両辺を$\cos^2\theta$で割って，下の$\tan\theta = \frac{\sin\theta}{\cos\theta}$　も使うと，以下が成り立つ。

$$\tan^2\theta + 1 = \frac{1}{\cos^2\theta}$$

斜辺が1の直角三角形の高さは$\sin\theta$，底辺の長さは$\cos\theta$になる。この直角三角形について，三平方の定理より，$\sin^2\theta + \cos^2\theta = 1$が成り立つ。なお，$\sin^2\theta$と$\cos^2\theta$は，それぞれ「$\sin\theta$の2乗」と「$\cos\theta$の2乗」をあらわす記号である。

$1 \times 1 = 1$

$\sin\theta$

$\sin\theta \times \sin\theta = \sin^2\theta$

$\cos\theta$

$\cos\theta \times \cos\theta = \cos^2\theta$

$\tan\theta = \dfrac{\sin\theta}{\cos\theta}$

斜辺の長さが1のとき，直角三角形の高さは$\sin\theta$，底辺の長さは$\cos\theta$になる。したがって，$\frac{\sin\theta}{\cos\theta}$という分数は，$\frac{高さ}{底辺}$と一致する。これは，34ページでみたタンジェントの定義そのものだ。したがって，$\tan\theta = \frac{\sin\theta}{\cos\theta}$が成り立つ。

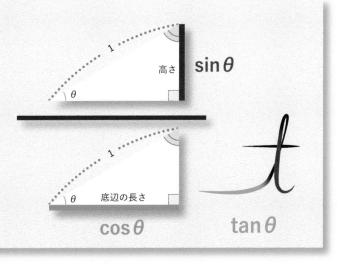

高さ　$\sin\theta$

$\cos\theta$　$\tan\theta$

底辺の長さ

直接はかれない二点間の距離は「余弦定理」を使えばわかる

　三角関数の定理で，とくに重要なものが「余弦定理」である。余弦定理とは何かを説明する前に，この定理を知っていると，どのようなときに役立つかをみてみよう。

　ある街に，図のような二つの地点AとBがある。あなたはAB間の直線距離を知りたいが，障害物があるため直接はかることができない。ただし，AとBをそれぞれ通る直線道路が地点Cで交わっており，<u>CからAまでの距離と，CからBまでの距離はわかっている。また，直線道路どうしがCで交わる角度もわ</u>かっている。このとき，余弦定理を使えばAB間の直線距離を計算で求めることが可能だ。

余弦定理は三平方の定理の"拡張版"

　三角形の三つの角をA，B，Cとし，それぞれの角の対辺（反対側にある辺）をa，b，cとする（左下の図）。

　余弦定理とは，その名のとおりコサイン（余弦）が主役で，$c^2 = a^2 + b^2 - 2ab\cos C$という関係が成り立つ定理だ。これは，すでにわかっているa，b，$\cos C$という値を式に入れれば，あなたが知りたかったc（の2乗）の値，すなわちAB間の距離をみちびきだせるといえる。

　もし，角Cが直角ならば，$\cos 90° = 0$なので，$-2ab\cos C$も0になり，余弦定理の式は$c^2 = a^2 + b^2$となる。これは，直角三角形で成り立つ三平方の定理そのものだ。<u>つまり三平方の定理は，余弦定理の特別な場合だったのである。</u>

　このことから，余弦定理は直角三角形でなくても，あらゆる三角形で成り立つ，三平方の定理の"拡張版"だといえる。

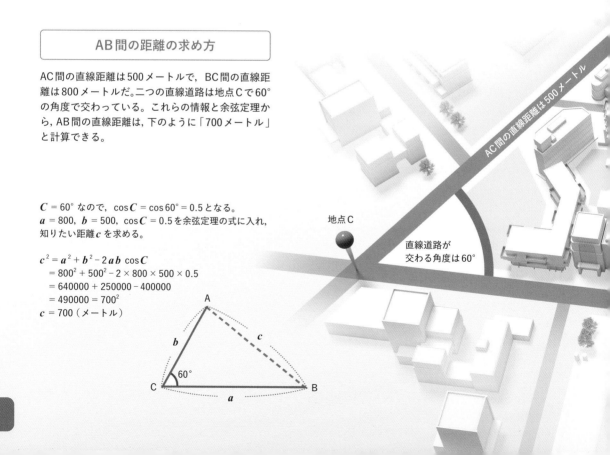

AB間の距離の求め方

AC間の直線距離は500メートルで，BC間の直線距離は800メートルだ。二つの直線道路は地点Cで60°の角度で交わっている。これらの情報と余弦定理から，AB間の直線距離は，下のように「700メートル」と計算できる。

$C = 60°$なので，$\cos C = \cos 60° = 0.5$となる。
$a = 800$，$b = 500$，$\cos C = 0.5$を余弦定理の式に入れ，知りたい距離cを求める。

$$c^2 = a^2 + b^2 - 2ab\cos C$$
$$= 800^2 + 500^2 - 2 \times 800 \times 500 \times 0.5$$
$$= 640000 + 250000 - 400000$$
$$= 490000 = 700^2$$
$$c = 700（メートル）$$

AC間の直線距離は500メートル

地点C

直線道路が交わる角度は60°

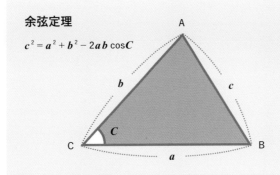

余弦定理

$$c^2 = a^2 + b^2 - 2ab\cos C$$

今知られている形の余弦定理は，15世紀に活躍したペルシアの天文学者であり数学者である，アル・カーシー（1380～1429）が発見したといわれている。C が直角（90°）のとき，余弦定理は三平方の定理の式と一致する。

地点 A

AB間の直線距離は何メートル？
（障害物があって直接はかれない）

BC間の直線距離は 800 メートル

地点 B

「余弦定理」の証明に 挑戦してみよう

直角三角形の場合, 三平方の定理を使うと, 三角形の二辺の長さから残りの一辺の長さをみちびくことができる。一方, 直角三角形ではない場合には, **余弦定理を使うことで, 二辺の長さから, 残りの一辺の長さを求めることができる。**

余弦定理の歴史は古く, 古代ギリシャの数学者ユークリッド (エウクレイデス) がまとめた数学書である『原論』にも, 余弦定理と同様の問題が記述されていることが知られている。

本節では, この余弦定理を証明する。まずは, 下にえがいたそれぞれの四角形の面積を求める。そして, その一つである正方形 Q の中の「Q_2」の面積と, 正方形 R の中の「R_2」の面積を求めていく (↓)。

1.

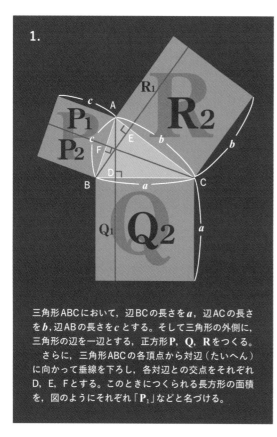

三角形 ABC において, 辺 BC の長さを a, 辺 AC の長さを b, 辺 AB の長さを c とする。そして三角形の外側に, 三角形の辺を一辺とする, 正方形 P, Q, R をつくる。
さらに, 三角形 ABC の各頂点から対辺 (たいへん) に向かって垂線を下ろし, 各対辺との交点をそれぞれ D, E, F とする。このときにつくられる長方形の面積を, 図のようにそれぞれ「P_1」などと名づける。

2-1.

直角三角形 ACD において, 角 C に注目すると, コサインの定義より,

$$\cos C = \frac{CD}{AC}, \text{ つまり CD} = AC \cos C$$

が成り立つ。AC = b なので,

$$CD = b \cos C$$

となる。ここで, 正方形 Q の一辺の長さは a なので, Q_2 の面積は,

$$\boxed{\begin{aligned} Q_2 &= a \times b \cos C \\ &= ab \cos C \end{aligned}}$$

となる。

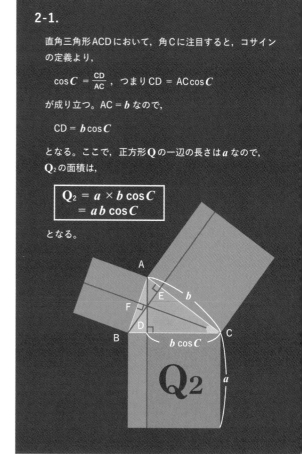

3.

2-1, 2-2 より, $R_2 = Q_2$ が成り立つ。
また, 同じように, $P_1 = R_1$, $P_2 = Q_1$ が成り立つ。

このことから, 正方形 P に注目すると, P の面積は c^2 であることから,

$$\boxed{c^2 = P_1 + P_2 = R_1 + Q_1}$$

が成り立つ。

2-2.

直角三角形 BCE において，角 C に注目すると，コサインの定義より，

$$\cos C = \frac{CE}{BC} , \ \text{つまり} \ CE = BC \cos C$$

が成り立つ。BC $= a$ なので，

$$CE = a \cos C$$

となる。ここで，正方形 R の一辺の長さは b なので，R_2 の面積は，

$$\boxed{\begin{aligned} R_2 &= b \times a \cos C \\ &= ab \cos C \end{aligned}}$$

となる。

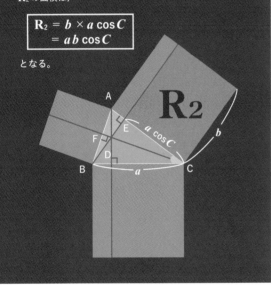

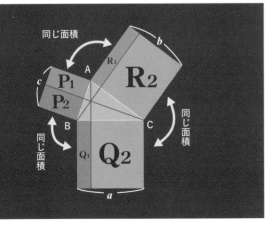

4.

ここで，正方形 Q と正方形 R に注目する。Q の面積は a^2 であることと，2-1 から，

$$Q_1 = Q - Q_2 = a^2 - ab \cos C$$

が成り立つ。
また，R の面積は b^2 であることと，2-2 から，

$$R_1 = R - R_2 = b^2 - ab \cos C$$

が成り立つ。よって，3 で求めた

$$c^2 = R_1 + Q_1$$

に，上の R_1 と Q_1 を代入すると，

$$\begin{aligned} c^2 &= R_1 + Q_1 \\ &= (a^2 - ab \cos C) + (b^2 - ab \cos C) \\ &= a^2 + b^2 - 2ab \cos C \end{aligned}$$

となる。つまり，

余弦定理

$$c^2 = a^2 + b^2 - 2ab \cos C$$

が成り立つ。これを，角 C 以外でも同様に計算することで，次の式も成り立つ。

$$a^2 = b^2 + c^2 - 2bc \cos A$$
$$b^2 = a^2 + c^2 - 2ac \cos B$$

これで，余弦定理が証明できた。

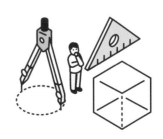

数学の知識をまとめた
ユークリッド

「幾何学」とは，空間の性質や空間における対象について考える数学の一分野である。幾何学は，測量をするときに見いだされたさまざまな知識から出発したものだ。測量についての基本公式は，古代エジプトやバビロニアでもよく知られていたようで，今から5000年ほど前の粘土板の中にもみられる。

こうした古代からの数学の方法を学問的に整理したのが，ユークリッド（紀元前300年ころに活躍）である。その著書である『原論』（Stoicheia, 英名でElements）は，その後2000年以上にわたり科学的思考の基礎として世界中で学ばれ，聖書につぐ超ベストセラーとなった。

『原論』は全13巻からなり，そのうち6巻が平面図形，4巻が数の性質，3巻が立体図形をあつかっている。この中の図形に関する部分が，世界中の学校で，幾何学の原典として使われているのだ。

数学は英語でMathematicsというが，その語源のギリシャ語"マテマータ"とは，「考えるべきこと」という意味だ。つまりユークリッドの『原論』は，まさにこのマテマータを集大成したものといえる。

哲学や論理学の模範にもなった『原論』

また，『原論』は哲学や論理学の模範にもなった。哲学の祖はユークリッドよりも少し前の，ギリシャのソクラテス（前469〜前399）や，彼の弟子プラトン（前427〜前347）である。

プラトンは，アカデミアの森に学校を開き，その森の入り口に「幾何学を知らざる者はこの門をくぐるべからず」と記したという。つまりプラトンは，幾何学が哲学や論理学の基本であると考えていたのである。

プラトン自身は，幾何学の専門家でもなければ数学者でもない。しかし彼は，幾何学に代表される数学では，議論の前にその中で使われる言葉の意味をはっきりと「定義」し，議論の基礎や根拠となる事柄「公理」あるいは「公準」を，はっきりさせるべきであると述べている。このことは，数学だけでなく，哲学や論理学についてもいえることだ。

そのプラトンの主張どおりに幾何学の教科書を書いたのが，ユークリッドであった。『原論』の第1巻のはじめには，23の定義と，五つの公理および公準が掲げられている。

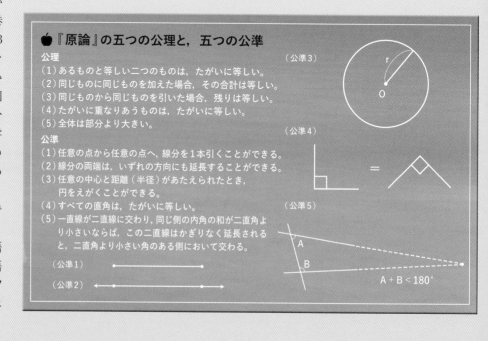

🍎『原論』の五つの公理と，五つの公準

公理
（1）あるものと等しい二つのものは，たがいに等しい。
（2）同じものに同じものを加えた場合，その合計は等しい。
（3）同じものから同じものを引いた場合，残りは等しい。
（4）たがいに重なりあうものは，たがいに等しい。
（5）全体は部分より大きい。

公準
（1）任意の点から任意の点へ，線分を1本引くことができる。
（2）線分の両端は，いずれの方向にも延長することができる。
（3）任意の中心と距離（半径）があたえられたとき，円をえがくことができる。
（4）すべての直角は，たがいに等しい。
（5）一直線が二直線に交わり，同じ側の内角の和が二直角より小さいならば，この二直線はかぎりなく延長されると，二直角より小さい角のある側において交わる。

（公準3）

（公準4）

（公準5）

A
B
A + B < 180°

（公準1）

（公準2）

EUCLID.

ユークリッド（エウクレイデス）

宇宙に巨大な三角形をつくれば
天体までの距離がわかる

　余弦定理に並ぶ，もう一つの重要な定理が「正弦定理」である。この定理の主役は，サイン（正弦）である。

　三角形の三つの角をA，B，Cとし，それぞれの角の対辺をa，b，cとする。正弦定理では，「$\dfrac{a}{\sin A} = \dfrac{b}{\sin B} = \dfrac{c}{\sin C}$」が成り立つ。余弦定理と同じく，三角形で長さをはかることができない辺があっても，正弦定理を使えば，ほかの角の大きさや辺の長さから，その長さを求めることができる。

正弦定理は
天文学で大活躍

　地球から遠く離れた天体までの距離を知りたいときに，正弦定理は威力を発揮する。今，下図のような夏の地球と冬の地球，そして天体の3点を結んだ三角形を考える。夏の地球と冬の地球を結んだ辺の長さは，公転軌道の直径なので，すでに知られている値だ。夏と冬に地球から観測した天体の方向から，三角形のそれぞれの角の大きさもわかる。

　これらの値を正弦定理の式に入れることで，実際には直接計測できない天体までの距離を知ることができるというわけだ。

　なお，地球から見た天体の方向と，太陽から見た同じ天体の方向の差（角度）を「年周視差」とよぶ。地球から遠い天体ほど，距離に反比例して年周視差は小さくなる。これを利用して，非常に遠い天体までの距離（近似値）は，正弦定理を使わずに年周視差から直接求められる。

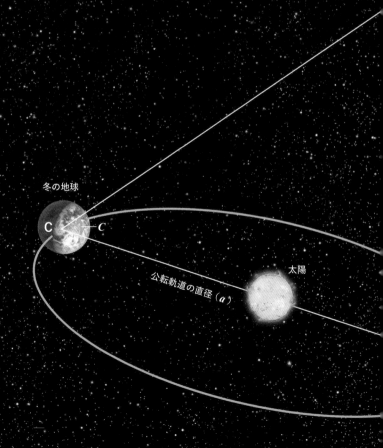

冬の地球

C 〜 C

公転軌道の直径（a）

太陽

天体までの距離の求め方
天体の位置，夏の地球，冬の地球をそれぞれA，B，Cとし，それぞれの対辺をa，b，cとする（aは公転軌道の直径）。知りたい天体までの距離をbとすると，正弦定理から$\dfrac{a}{\sin A} = \dfrac{b}{\sin B}$が成り立つ。観測でAとBの角度がわかれば，$b = a \times \dfrac{\sin B}{\sin A}$で知りたい距離が計算できる。

A

地球からの距離を
知りたい天体

A

知りたい距離（*b*）

（*c*）

B

B

夏の地球

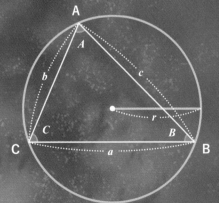

正弦定理

$$\frac{a}{\sin A} = \frac{b}{\sin B} = \frac{c}{\sin C} = 2r$$

「正弦定理」の証明に挑戦してみよう

正弦定理は、三角形の内角の正弦（サイン）とその対辺の長さに関する定理である。10世紀ごろにペルシアの数学者らが発見したといわれ、三角形ABCが内接する円の半径を r とするとき、$\frac{a}{\sin A} = \frac{b}{\sin B} = \frac{c}{\sin C} = 2r$ が成り立つ。

この定理を使うことができれば、どんな三角形の面積でも求めることができる。では、余弦定理と同じように、正弦定理の証明にも挑戦してみよう。

まず、三角形ABCの辺ADの長さを、2通りの方法であらわしていく。そして、2-1では三角形ABDに、2-2では三角形ACDに注目する。

1.

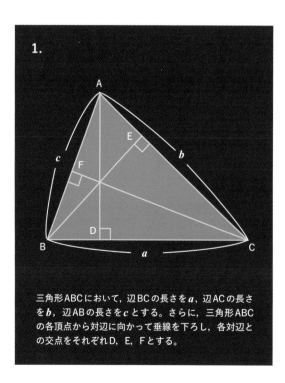

三角形ABCにおいて、辺BCの長さを a、辺ACの長さを b、辺ABの長さを c とする。さらに、三角形ABCの各頂点から対辺に向かって垂線を下ろし、各対辺との交点をそれぞれD、E、Fとする。

2-1.

直角三角形ABDにおいて、角Bに注目すると、サインの定義より、

$$\sin B = \frac{AD}{AB}$$

である。AB $= c$ より、

$$\boxed{AD = c \sin B}$$

が成り立つ。

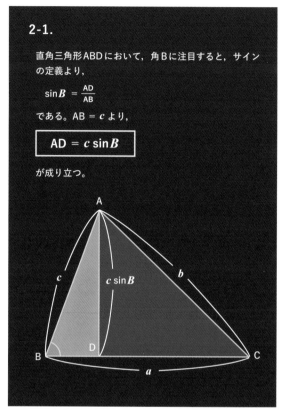

3.

2-1、2-2より、

$$c \sin B = b \sin C$$

が成り立つ。両辺を bc で割って、

$$\frac{\sin B}{b} = \frac{\sin C}{c}$$

となる。辺BEと角Aについても同様のことが成り立つので、

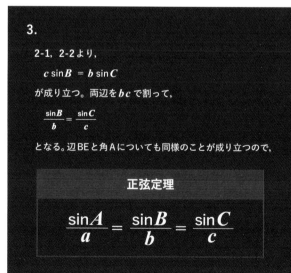

正弦定理

$$\frac{\sin A}{a} = \frac{\sin B}{b} = \frac{\sin C}{c}$$

2-2.

直角三角形ACDにおいて，角Cに注目すると，サインの定義より，

$$\sin C = \frac{AD}{AC}$$

である。AC ＝ b より，

$$\boxed{AD = b \sin C}$$

が成り立つ。

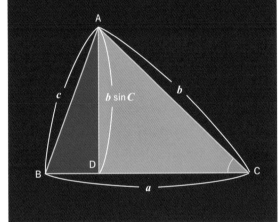

が成り立つ。これで証明が終わった。

　さて，この定理を使うことで，三角形の面積を簡単に求める公式をみちびくことができる。次の4で，その方法をみてみよう。

4.

これまでみてきた三角形ABCの面積をSとすると，三角形の面積は（底辺）×（高さ）÷2なので，

$$S = BC \times AD \div 2$$

となる。ここで，

$$BC = a$$
$$AD = c \sin B \quad （2\text{-}1 より）$$

を代入して，

$$S = a \times c \sin B \div 2$$

つまり，

$$\boxed{S = \frac{1}{2} a c \sin B}$$

が成り立つ。
底辺を「AB」や「AC」としたときも，同様のことが成り立つので，

$$\boxed{S = \frac{1}{2} b c \sin A}$$

$$\boxed{S = \frac{1}{2} a b \sin C}$$

となる。これらをまとめると，

三角形の面積の公式
$$S = \frac{1}{2} b c \sin A$$ $$= \frac{1}{2} a c \sin B$$ $$= \frac{1}{2} a b \sin C$$

が成り立つ。
　つまり，二辺とそれらの辺にはさまれる角度がわかれば，三角形の面積が求められる。

二つの角度を足したときの三角関数の値は「加法定理」を使えばわかる

　角度が30°，45°，60°の場合は，サイン・コサイン・タンジェントの値を簡単に求めることができる。これは，それぞれの角度を含む三角形の辺の比がすぐにわかるためだ。では，これら以外の角度の場合に，サイン・コサイン・タンジェントの値を求めるにはどうすればよいだろうか。

　ここで役に立つのが，「加法定理」である。加法定理は，**二つの角度を足したときの三角関数の値を計算する公式だ。この公式を使えば，さまざまな角度での三角関数の値を求めることができる。**たとえば cos15°は，cos (60° − 45°) = cos60°cos45° + sin60°sin45° = $\frac{1}{2} \times \frac{\sqrt{2}}{2} + \frac{\sqrt{3}}{2} \times \frac{\sqrt{2}}{2} ≒ 0.5 \times 0.71 + 0.87 \times 0.71 ≒ 0.97$ と求めることができる。

　ちなみに，古代ギリシャのプトレマイオスは，この現代でいう加法定理に相当するものも使って，「弦の表」（三角関数表）をつくっている。

弦の表（→）

右は，プトレマイオスの『アルマゲスト』に掲載されている「弦の表」の最初の1ページである。0.5°（∠'）からはじまり，0.5°刻みで12°まで記されている。この表は，半径60の円の，ある中心角のときの弦の長さをまとめたもので，本質的には三角関数の表と同じものだ。なお，この表は180°までつづいている。

48　ΚΛΑΤΔΙΟΤ ΠΤΟΛΕΜΑΙΟΤ

ια΄. Κανόνιον τῶν ἐν κύκλῳ εὐθειῶν.

	περιφε-ρειῶν	εὐθειῶν			ἑξηκοστῶν		
	∠′	ο	λα	κε	ο	α	β	ν
	α	α	β	ν	ο	α	β	ν
5	α∠′	α	λδ	ιε	ο	α	β	ν
	β	β	ε	μ	ο	α	β	ν
	β∠′	β	λζ	δ	ο	α	β	μη
	γ	γ	η	κη	ο	α	β	μη
	γ∠′	γ	λϑ	νβ	ο	α	β	μη
10	δ	δ	ια	ις	ο	α	β	μξ
	δ∠′	δ	μβ	μ	ο	α	β	μξ
	ε	ε	ιδ	δ	ο	α	β	μς
	ε∠′	ε	με	κζ	ο	α	β	με
	ς	ς	ις	μϑ	ο	α	β	μδ
15	ς∠′	ς	μη	ια	ο	α	β	μγ
	ξ	ξ	ιϑ	λγ	ο	α	β	μβ
	ξ∠′	ξ	ν	νδ	ο	α	β	μα
	η	η	κβ	ιε	ο	α	β	μ
20	η∠′	η	νγ	λε	ο	α	β	λϑ
	ϑ	ϑ	κδ	νά	ο	α	β	λη
	ϑ∠′	ϑ	νς	ιγ	ο	α	β	λζ
	ι	ι	κζ	λβ	ο	α	β	λε
	ι∠′	ι	νη	μϑ	ο	α	β	λγ
25	ια	ια	λ	ε	ο		β	λβ
	ια∠′	ιβ	α	κα	ο	α	β	λ
	ιβ	ιβ	λβ	λς	ο	α	β	κη

加法定理

$$\sin(\alpha + \beta) = \sin\alpha\cos\beta + \cos\alpha\sin\beta$$

$$\sin(\alpha - \beta) = \sin\alpha\cos\beta - \cos\alpha\sin\beta$$

$$\cos(\alpha + \beta) = \cos\alpha\cos\beta - \sin\alpha\sin\beta$$

$$\cos(\alpha - \beta) = \cos\alpha\cos\beta + \sin\alpha\sin\beta$$

$$\tan(\alpha + \beta) = \frac{\tan\alpha + \tan\beta}{1 - \tan\alpha\tan\beta}$$

$$\tan(\alpha - \beta) = \frac{\tan\alpha - \tan\beta}{1 + \tan\alpha\tan\beta}$$

図でわかる加法定理

加法定理は，下図のような台形を考えると簡単に理解することができる。まず，台形の左側の辺の長さを1，台形の左下の角をつくる二つの角度をそれぞれ，α と β とする。すると台形の各辺の長さは，左下の図のように $\sin\alpha$ や $\cos\beta$ などの三角関数だけであらわすことができる。

　台形の各辺の長さがわかれば，右下の図の濃い三角形の辺の長さを計算できる。台形の左側の辺の長さは1なので，左下の角度が $(\alpha+\beta)$ であることに注意すると，濃い三角形の縦の辺の長さは，$\sin(\alpha+\beta)$，横の辺の長さは $\cos(\alpha+\beta)$ になることがわかる。この結果を使えば，$\tan(\alpha+\beta)$ の公式もみちびくことができる。また，β を $-\beta$ に置きかえれば，$\sin(\alpha-\beta)$ や $\cos(\alpha-\beta)$ の公式もみちびくことができる。

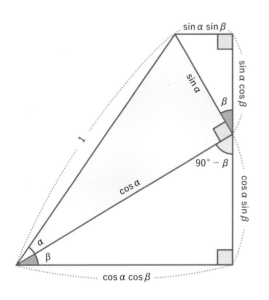

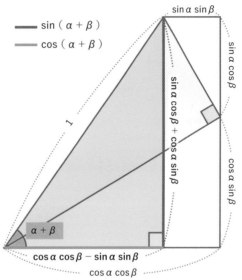

── $\sin(\alpha+\beta)$
── $\cos(\alpha+\beta)$

トレミーの定理から"加法定理"をみちびく

プトレマイオスは，『アルマゲスト』で弦の表のつくり方を説明する中で，右図のような円に内接し，円の直径を一辺とする四角形に「トレミーの定理」（次節でくわしく紹介）を適用し，現代でいう加法定理を示した。

　トレミーの定理から，$AD \times BC = AC \times BD - AB \times DC$ となる。ここで AC は角 α の弦であり，これを $\mathrm{crd}\,\alpha$ とあらわすことにする。ほかの辺も同じようにあらわすと，前述の式は，$120 \times \mathrm{crd}(\alpha-\beta) = \mathrm{crd}\,\alpha \times \mathrm{crd}(180°-\beta) - \mathrm{crd}\,\beta \times \mathrm{crd}(180°-\alpha)$ とあらわせるのだ。$\mathrm{crd}\,\theta = 2 \times$ 円の半径 $\times \sin\frac{\theta}{2}$ の関係から，この式は，現代の sin と cos を使って次のように書きかえられる（ここでは $\alpha = 2\alpha'$，$\beta = 2\beta'$ とした）。

$$\sin(\alpha'-\beta') = \sin\alpha'\cos\beta' - \cos\alpha'\sin\beta'$$

同様の考え方から，

$$\cos(\alpha'+\beta') = \cos\alpha'\cos\beta' - \sin\alpha'\sin\beta'$$

もみちびくことができる。

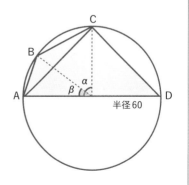

「トレミーの定理」を 証明する

プトレマイオスは，円に内接する四角形ABCDであれば，「AC × BD ＝ AB × DC ＋ BC × AD」という関係（対角線の積＝相対する辺の積の和）が成り立つことを見いだした。この等式は「トレミーの定理」とよばれるが，なぜこのような関係が成り立つのだろうか。

円に内接する 四角形がもつ特徴

この証明を行う鍵は，円周角と，余弦定理である。円周角とは，円周上の一点から，円周上のほかの二点に引いた二つの線がつくりだす角のことだ（下図1）。ここでは証明ははぶくが，同じ弧に対する円周角の大きさは同じになることが知られている（2）。また，同じ弧に対する中心角と円周角をくらべると，中心角の大きさは円周角の大きさの2倍になる。**これらの関係を「円周角の定理」とよぶ。**

さて，この円周角の定理から，円に内接する四角形における興味深い特徴をみちびくことができる。3に，円に内接する四角形ABCDをえがいた。弧DCBに対する円周角は∠A，弧DABに対する円周角は∠Cだ。また，それぞれの弧に対する中心角に注目すると，二つの中心角を足すと，360°になることがわかる。円周角の大きさは中心角の大きさの半分なので，これらのことから，∠Aと∠Cを足すと

180°となることがわかる。

余弦定理と トレミーの定理

ここで，△ABDと△BCDについて余弦定理を用いて辺BDの長さを求めてみよう（右ページ4，5）。すると，cosAとcosCが出てきた。3でみた「∠A ＋ ∠C ＝ 180°」という関係と，「cos（180° − θ）＝ − cos θ」という関係式（84ページでくわしく説明）を使うことで，6の計算を行うことができる。

このようにして，トレミーの定理は証明できるのである。

---

1. 弧と円周角・中心角

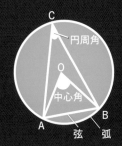

円周上の一点から，円周上のほかの二点に引いた二つの線の間の角は「円周角」，円周上の二点と円の中心を結ぶ二つの半径がつくる角は「中心角」とよばれる。円周の一部を「弧」といい，図の∠ACB（∠C）と∠AOBはそれぞれ，弧AB（あるいは弦AB）に対する円周角，中心角である。

2. 円周角の定理

同じ弧に対する円周角の大きさは，同じになる（∠C ＝ ∠D ＝ ∠E）。また，同じ弧に対する中心角と円周角をくらべると，中心角の大きさは，円周角の大きさの2倍になる。

3. 円に内接する四角形の特徴

円周角の定理より，円に内接する四角形の向かいあう角の大きさを足すと，180°となることをみちびくことができる（∠A ＋ ∠C ＝ 180°，∠B ＋ ∠D ＝ 180°）。

4.

三角形ABDに注目する。
下図のように，

$$AB = a,\ AD = d$$

として，余弦定理の式に代入する。すると，

$$BD^2 = a^2 + d^2 - 2ad\cos A$$

となる。

5.

三角形BCDに注目する。
下図のように，

$$BC = b,\ DC = c$$

として，余弦定理の式に代入する。すると，

$$BD^2 = b^2 + c^2 - 2bc\cos C$$

となる。

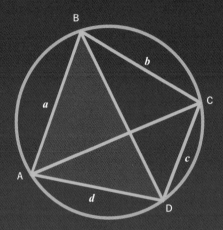

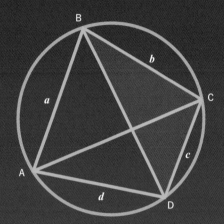

6.

3より，

$$\angle A + \angle C = 180°$$

つまり，「$\angle A = 180° - \angle C$」の関係性が
成り立つ。このことから，

$$
\begin{aligned}
\cos A &= \cos(180° - C) \\
&= -\cos C
\end{aligned}
$$

となる。これを4の式に代入すると，

$$BD^2 = a^2 + d^2 + 2ad\cos C$$

となる（↗）。

この式と5の式を利用して$\cos C$を消去すると，

$$(ad + bc)BD^2 = (ab + cd)(ac + bd)$$

が成り立つ。同様にACの長さをあらわすと，

$$(ab + cd)AC^2 = (ad + bc)(ac + bd)$$

となる。この二つの式を掛けあわせると，

$$
\begin{aligned}
&(ab + cd)(ad + bc)AC^2 \cdot BD^2 \\
&= (ab + cd)(ad + bc)(ac + bd)^2
\end{aligned}
$$

となる。この式を整理すると，

$$AC \times BD = ac + bd$$

となる。すなわち，

$$\boxed{AC \times BD = AB \times DC + BC \times AD}$$

が成り立つ。

三角関数の「演習問題」に
チャレンジしてみよう！

執筆　math channel（沼 倫加，横山明日希，吉田真也）

Q1 三平方の定理でよく出てくる，3：4：5の比率の直角三角形。この三角形の図の θ の角度は，いったい何度だろうか。198ページの三角関数表を使って求めてみよう。

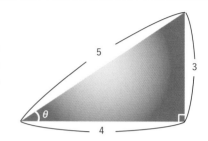

Q2 円に内接する三角形ABCがある。∠B＝59°，辺ABは円の直径とするとき，$\cos\theta$ の値を求めてみよう。ただし，$\sin59° ≒ 0.8572$ とする。

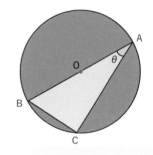

Q3 日本では，屋根の傾き具合を「○寸勾配」と表現する（1寸≒3cm）。たとえば，4寸勾配の屋根は，水平に10寸進むと4寸上がる傾き具合である。では，4寸勾配の角度（ θ ）は何度だろうか。

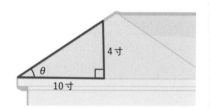

Q4 自動車の運転でとくに注意しなければならない，運転席から見えない場所となる「死角」。この死角を13°とするとき，運転席から見えない部分（BC）の長さは何mだろうか。ただし，地面から目までの高さ（AB）を1.2mとする。

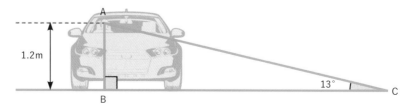

Q5

下の直線は，$y = 2x$ のグラフである。$\sin\theta$，$\cos\theta$，$\tan\theta$ の値を求めてみよう。ただし，$\sqrt{5} \fallingdotseq 2.236$ とする。

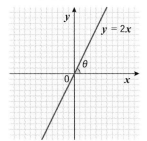

Q6

三辺の長さがそれぞれ「13，8，7」である三角形の面積Sを，求めてみよう。

Q7

下はいずれも三角関数のグラフで，緑線は $y = \sin x$ をあらわしている。では，赤線と青線のグラフは，どんな式であらわされるだろうか。

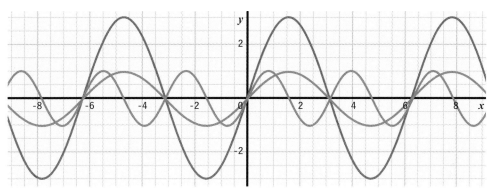

Q8

下の赤線は $y = \sin x$，青線は $y = 2\cos x$ をあらわすグラフである。では，これらを足しあわせた $y = \sin x + 2\cos x$ のグラフは，A～Cのどれだろうか。

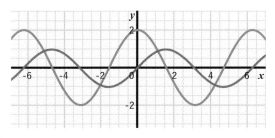

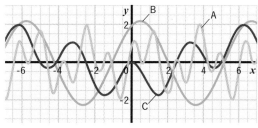

三角関数の演習問題
「解答（A1〜A4）」

A1

サイン（sin）とコサイン（cos）は，次のように求めることができる。

直角三角形による三角関数の定義（三角比）

$$\sin\theta = \frac{対辺}{斜辺} = \frac{AC}{AB}$$

$$\cos\theta = \frac{底辺}{斜辺} = \frac{BC}{AB}$$

$$\tan\theta = \frac{対辺}{底辺} = \frac{AC}{BC}$$

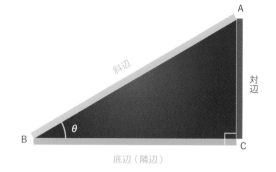

サインとコサインの定義より，

$$\sin\theta = \frac{3}{5} = 0.6$$

$$\cos\theta = \frac{4}{5} = 0.8$$

となる。

　$\sin\theta = 0.6$ に最も近い θ を三角関数表から求めると，約 **37°** となる。ほかにも，5：12：13や8：15：17，7：24：25の比率の直角三角形がある。同様にして，サインとコサインから角度 θ を求めることができるので，それぞれの直角三角形の角度 θ が何度になるのか，ぜひ求めてみてほしい。

A2

辺ABは円の直径なので，角Cは90°となる（タレスの定理）。そのため，三角形ABCは直角三角形となる。$\sin59° = \cos(90° - 59°) = \cos\theta$ が成り立つので，

$$\cos\theta = \sin59°$$
$$\fallingdotseq 0.8572$$

となる。

　点Cは，円周上のどこにあっても，角Cは90°になる。これを証明してみよう。円の中心Oと点Cを結ぶと，二等辺三角形が二つできる。角Aを a，角Bを b とすると，左図のようになる。
　三角形の内角（ないかく）の和は180°であり，$a + a + b + b = 180$ となるので，$a + b = 90°$ となる。よって，角Cが90°であることがわかる。

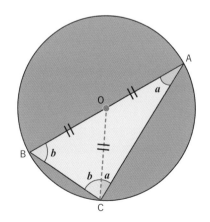

　辺ABが円の直径で，角Cが円周上にある直角三角形ABCの，角Aあるいは角Bの角度がわかれば，サインやコサインを求めることができるので，いろいろな角度で試してみてほしい。

タンジェント（tan）を用いることで，角度θを求めることができる。
タンジェントの定義より，

$$\tan\theta = \frac{4}{10} = 0.4$$

となるので，$\tan\theta = 0.4$ に最も近い θ を198ページの三角関数表から求めると，約22°となる。

　屋根の傾き具合は，地域によってかわる。たとえば，豪雪地帯にある家は，屋根に雪が積もって家が倒壊することを防ぐために，屋根の傾きは急になっている。どれぐらいの傾きなのか，ぜひ調べてみてほしい。

AB の長さを用いて，BC の長さを求めたいので，タンジェント（tan）を使う。
タンジェントの定義より，

$$\tan13° = \frac{AB}{BC} = \frac{1.2}{BC}$$

と立式できる。

　$\tan13°$ の値を198ページの三角関数表から求めると，$\tan13° = 0.2309$ となる。$\tan13° = \frac{1.2}{BC}$ に値を代入すると，$0.2309 = \frac{1.2}{BC}$ となるので，$BC = \frac{1.2}{0.2309} ≒ 5.1970$ となり，約5.2 m となる。

実際の死角の大きさは，車の種類や大きさによってかわる。①のような大きさの車の場合，②のような範囲内では，運転席から見えない。そのため，動く車の近くに人がいる場合には，同乗者や周囲の人が注意をはらう必要がありそうだ。

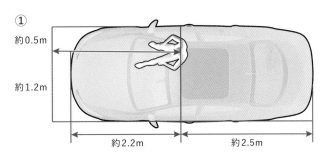

① 約0.5m　約1.2m　約2.2m　約2.5m

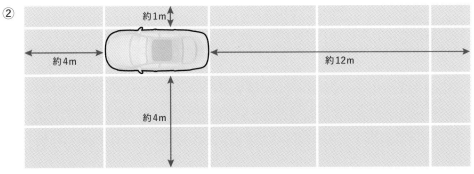

② 約1m　約4m　約12m　約4m

三角関数の演習問題
「解答（A5〜A8）」

$y = 2x$ 上の点の一つとして，$x = 1, y = 2$ がある（$x = 1, y = 2$ の点を A とする）。$x = 1, y = 2$ から x 軸方向に下ろした点を B とする。線分 AB と x 軸は，垂直（90°）に交わる。原点を $x = 0, y = 0$ とすると（$x = 0, y = 0$ の点を O とする），線分 OB は 1，線分 AB は 2 となる。三角形 OAB は直角三角形となるので，三平方の定理より，斜辺は $\sqrt{1^2 + 2^2} = \sqrt{5}$ となる。ここまでを左下の図に示す。

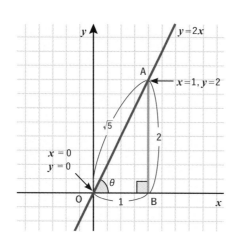

よって，

$$\sin\theta = \frac{2}{\sqrt{5}} \fallingdotseq 0.894$$
$$\cos\theta = \frac{1}{\sqrt{5}} \fallingdotseq 0.447$$
$$\tan\theta = \frac{2}{1} = 2$$

となる。

　ここで何かに気づくだろうか。実は，$\tan\theta$ は $y = 2x$ の傾き「2」を表している。$\tan\theta$ の値がわかれば，198 ページの三角関数表から角度 θ を求めることもできる。つまり，それぞれの辺の長さを求めてから sin, cos, tan の値を求めなくても，式の傾きだけでそれぞれのおおよその値を求めることができるのだ。

　まずは，赤線の関数の式を求める。赤線の関数の最大値（最小値）は，緑色の関数の最大値（最小値）を 3 倍した値を示すので，赤線の関数の式は緑色の関数の式の 3 倍であることがわかる。よって，赤線の関数の式は，$y = 3\sin x$ となる。

　次に，青線の関数の式を求める。青線の関数は，緑線の関数や赤線の関数と同じ挙動の関数であるため，サイン関数であることがわかる。また，緑線の関数の一周期中に，青線の関数は二周期しているため，青線の関数の式は，緑線の関数の角度の 2 倍になる。よって，青線の関数の式は，$y = \sin 2x$ となる。

　Desmos や Geogebra という関数ソフトを用いると，簡単にこれらの関数をえがくことができる。関数の角度を変化させたり，コサイン関数で試したりするなどして，どのような関数となるのかを実際にみてみるのもよいかもしれない。

△ABCにおいて，$a = BC = 13$，$b = AC = 8$，$c = AB = 7$とする。余弦定理，$a^2 = b^2 + c^2 - 2bc \cos A$より，

$$\cos A = \frac{b^2 + c^2 - a^2}{2bc}$$

が成り立つ。それぞれの辺の長さを代入すると，

$$\cos A = \frac{8^2 + 7^2 - 13^2}{2 \times 8 \times 7}$$
$$= \frac{-56}{112} = -\frac{1}{2}$$

となる。これを，「$\sin^2 A + \cos^2 A = 1$」に代入して，

$$\sin^2 A + \left(-\frac{1}{2}\right)^2 = 1$$

これを計算すると，$\sin^2 \theta = \frac{3}{4}$となる。$0°$から$180°$においてサインは正の値をとるので，$\sin \theta = \frac{\sqrt{3}}{2}$となる。63ページでみちびいた三角形の面積の公式より，

$$S = \frac{1}{2}bc \sin A$$
$$= \frac{1}{2} \cdot 8 \cdot 7 \cdot \frac{\sqrt{3}}{2}$$
$$= 14\sqrt{3}$$

となる。

（図中ラベル）C　13　8　A　7　B

$y = \sin x + 2\cos x$ の関数の角度に着目すると，サイン部分とコサイン部分の角度は x で同じだ。そのため，三角関数の合成（→203ページ）を行うことで，$y = \sqrt{1^2 + 2^2} \sin(x + \alpha) = \sqrt{5} \sin(x + \alpha)$となる。ただし，$\alpha$ は $\sin \alpha = \frac{2}{\sqrt{5}}$，$\cos \alpha = \frac{1}{\sqrt{5}}$を満たす角度である。よって，サインの関数を選べばよいので，答えはBとなる。

　Aの関数は$y = \sin 2x + \cos 5x$，Cの関数は$y = -\cos 0.5x + \cos 2x$となる。Aの関数の式ではサイン部分とコサイン部分が，Cの関数の式ではそれぞれのコサイン部分の角度がことなっているため，少し複雑なグラフになっている。$\sin x$ と $2\cos x$ のように三角比の中の角度が同じ場合は，きれいな波の形のままになるのはおどろきを感じる人も多いだろう。

　サインやコサインの角度の設定の仕方により，さまざまな関数のグラフをえがくことができるので，ぜひいろいろ試してみてほしい。

シリウスまでの距離を求めてみよう

執筆　祖父江義明

夜空には、いろいろな明るさの星がある。もしすべての星の実際の明るさ（絶対光度）が同じであるならば、近い星は明るく見えるし、遠い星ほど暗く見える。すなわち、見かけの明るさ（光度）で、星までの距離を推定することができる。しかし、現実には星によって実際の明るさがまちまちなので、話はそれほど簡単ではない。

星までの距離のはかり方

二つの目の角度のちがいを「視差」、そして両目の間隔を「基線」とよぶ。私たちが肉眼でものの遠近を知れるのは、それぞれの目で見える方角がことなるという原理を利用している。つまり、三角測量の原理である。

地上の物体や月ぐらいまでの距離ならば、地球上の基線上に置いた二つの望遠鏡を使って三角測量ができる。しかし星の世界となると、はるかに遠いので、地球上の基線をとってもほとんど視差が生じない。そこで、地球が太陽のまわりをまわる動き（公転）を利用する。望遠鏡を地球と一緒に、太陽のまわりで振りまわすわけだ。こうすると、地球の軌道半径にあたる1.5億キロメートルを、三角測量の基線に使うことができる。

ここで、夜空に輝くある星に注目してみよう。この星のまわりには、より遠くにあるため暗くてかすかにしか見えない "ぬか星" が無数に見えている。

注目したある星の写真を撮ると、写真にはこの星を中心にして、ぬか星が無数に写る。ここから同じ写真を毎月1回ずつ撮りつづけると、注目したある星はぬか星の間を少しずつ移動していき、1年で楕円をえがくはずだ。これは、地球が太陽のまわりを公転するのにつれて、星の見かけの位置が、バックの遠いぬか星に対して移動するためである。

こうしてできた楕円の長半径の角度をθとする。この角度のことを、天文学では星の「年周視差」とよぶ。

ある星までの距離をdとすると、地球の軌道半径Rおよびdとθの間には、三角関数の公式から、

$$\frac{R}{d} = \tan\theta$$

という関係が成り立つ。θは小さいので、$\tan\theta \fallingdotseq \theta$ラジアンという近似を使う（単純化を行う）ことができる。よって、

$$d \fallingdotseq \frac{R}{\theta}$$

という関係が得られる。

ここで、太陽に最も近い恒星「ケンタウルス座アルファ星」までの距離を求めてみよう。ケンタウルス座アルファ星の年周視差は0.75秒角（1秒角は3600分

の1度）である。度とラジアンの換算式は、

$$ラジアン = \frac{2\pi}{360} \times 度$$

なので、0.75秒角をラジアン換算して、星までの距離dを計算すると、

$$d = 1.5 \times 10^8 \times \frac{360}{2\pi} \times \frac{60 \times 60}{0.75}$$
$$\fallingdotseq 4.13 \times 10^{13}\ km$$

となる。1光年（光が1年に進む距離）は9.5×10^{12}キロメートルなので、$d \fallingdotseq 4.3$光年と求められる。

また、全天一明るく輝く「シリウス」の場合、年周視差は0.376秒角なので、

$$d = 1.5 \times 10^8 \times \frac{360}{2\pi} \times \frac{60 \times 60}{0.376}$$
$$\fallingdotseq 8.23 \times 10^{13}\ km$$
$$\fallingdotseq 8.7 光年$$

となる。

天文学では、年周視差が1秒角になる距離を単位として使う。これを「パーセク（pc）」とよぶ。「パララックス（視差）」と「セコンド（秒）」という言葉の組み合わせで、1パーセクは3.26光年にあたる。パーセクであらわした天体までの距離dは、

$$d = \frac{1}{年周視差（秒角）}$$

で簡単に求めることができる。ケンタウルス座アルファ星の年周視差は0.75秒角だったから、$1 \div 0.75 = 1.33$パーセク。同様にシリウスは、$1 \div 0.376 = 2.66$

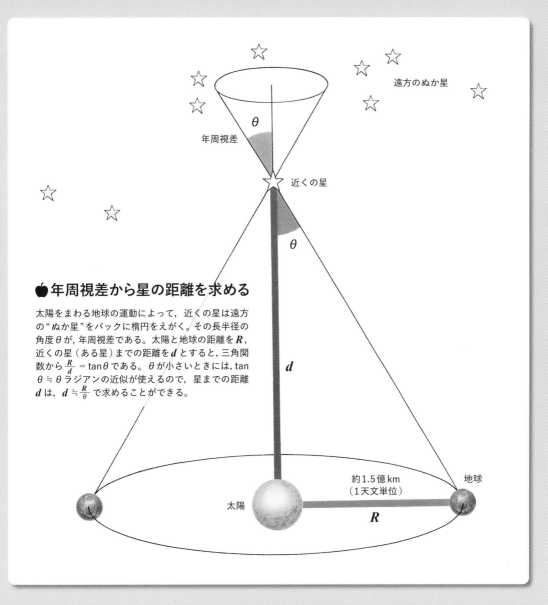

遠方のぬか星

θ

年周視差

近くの星

θ

🍎 年周視差から星の距離を求める

太陽をまわる地球の運動によって，近くの星は遠方の"ぬか星"をバックに楕円をえがく。その長半径の角度θが，年周視差である。太陽と地球の距離をR，近くの星（ある星）までの距離をdとすると，三角関数から$\frac{R}{d} = \tan\theta$である。θが小さいときには，$\tan\theta \fallingdotseq \theta$ラジアンの近似が使えるので，星までの距離$d$は，$d \fallingdotseq \frac{R}{\theta}$で求めることができる。

d

約1.5億km
（1天文単位）

太陽

地球

R

パーセクと求められる。

ところで，角度の1秒はずいぶん小さい。1キロメートル先にいる体長5ミリメートルの虫を見ると「約1秒角」になる。肉眼で見えるくらい明るい星の年周視差を観測する場合でも，0.1秒から0.01秒角。つまり，1キロメートル先の0.5 ～ 0.05ミリ

メートルを見分ける必要があるのだ。しかし地球上からの観測では，三角測量で距離がわかる星は，数十パーセク以内のものにかぎられる。これは，大気によるゆらぎで，望遠鏡の性能が十分に発揮できないためだ。

そこで近年では，大気の影響を受けない宇宙空間に打ち上げ

た光学や赤外線の望遠鏡を使って，千分の1秒角よりも小さな年周視差の測定が可能となってきた。そのおかげで，銀河系の広い範囲の星の分布や運動が直接観測されている。さらに，電波の干渉計技術を使って，百万分の1秒角の三角視差測定も行われている。

三角形から
「波」へ

協力・監修　小山信也
執筆　和田純夫（106〜117ページ）

　2章では，サイン・コサイン・タンジェントを，直角三角形の辺の比として定義した（三角比）。そのため，あつかう角度は0°から90°にしばられていた。本章ではこのしばりを取り除くために，「単位円」というものを使って，サイン・コサイン・タンジェントを定義しなおす。また，そこから生まれる「波」について，スポットを当てていく。

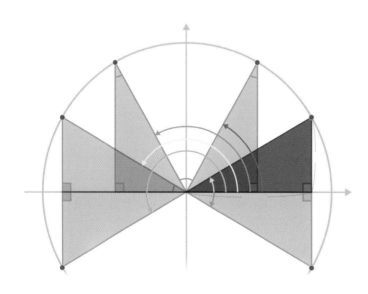

4

三角関数は
「円の関数」と考えたほうがよい

高校の数学では，直角三角形の三角比をまず習い，その拡張として三角関数を習う。しかし三角関数の応用という観点から考えると，**三角関数は「円の関数」であると考えたほうが見通しがよくなる**。実際，三角関数を「円関数」とよぶこともあるようだ。

円の上を点が
グルグルまわるイメージ

右ページ上段のような，原点Oを中心とした半径1の円（単位円という）を考えてみよう。単位円上の任意の点Pを考え，点Pと原点Oを結んだ線分OPに向けて，x軸正方向から正の向き（反時計まわり）に測った角度をθとする。このとき，点Pのx座標が$\cos\theta$，y座標が$\sin\theta$になる。この$\cos\theta$と$\sin\theta$が「三角関数」である。そして，**点Pが単位円上をグルグルまわるときの点Pの座標を教えてくれるのが，$\cos\theta$と$\sin\theta$だとい**える（三角関数には，ほかに$\tan\theta$などもある。$\tan\theta=\dfrac{\sin\theta}{\cos\theta}$）。

角度は通常「360°」などとあらわすが，高校数学では「弧度法」という方法であらわす。弧度法とは，角度を「半径1の円で，その角度に対応する弧の長さ」であらわしたものだ。すなわち，360°は2π，180°はπ，90°は$\dfrac{\pi}{2}$，60°は$\dfrac{\pi}{3}$，45°は$\dfrac{\pi}{4}$，30°は$\dfrac{\pi}{6}$となる（πは円周率で，約3.14）。

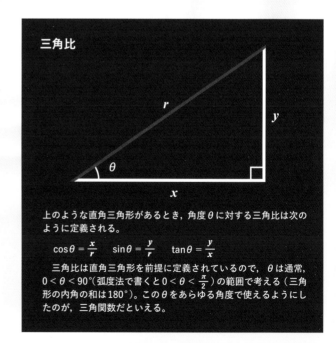

三角比

上のような直角三角形があるとき，角度θに対する三角比は次のように定義される。

$$\cos\theta=\frac{x}{r} \quad \sin\theta=\frac{y}{r} \quad \tan\theta=\frac{y}{x}$$

三角比は直角三角形を前提に定義されているので，θは通常，$0<\theta<90°$（弧度法で書くと$0<\theta<\dfrac{\pi}{2}$）の範囲で考える（三角形の内角の和は180°）。このθをあらゆる角度で使えるようにしたのが，三角関数だといえる。

**円の関数としての
三角関数**

「三角比」と「三角関数」のちがいを右に示した。三角関数は，三角比をどんな角度でも使えるように拡張したものだといえる。なお，三角関数の定義から明らかなように，$\sin\theta$と$\cos\theta$の値は-1から1までの値をとる。

三角関数

半径1の円周上を点Pが動くと考える。点Pと原点Oを結ぶ線分がx軸となす角度をθとすると，点Pのx座標が$\cos\theta$，y座標が$\sin\theta$になる。θはどんな値でもかまわない。

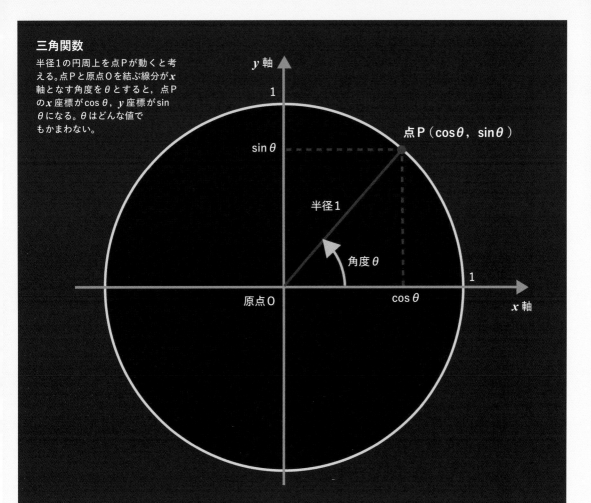

y 軸

1

$\sin\theta$ ..... 点 P $(\cos\theta，\sin\theta)$

半径1

角度 θ

原点 O $\quad\quad\quad\quad\cos\theta\quad\quad$ 1

x 軸

三角関数の値の例

それぞれ点Pのx座標が$\cos$，y座標が$\sin$になる。

点 P

$\frac{1}{2}$　150°
弧度法では $\frac{5\pi}{6}$

$-\frac{\sqrt{3}}{2}$

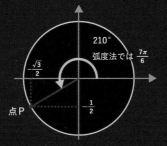

210°
弧度法では $\frac{7\pi}{6}$

$-\frac{\sqrt{3}}{2}$

点 P $\quad -\frac{1}{2}$

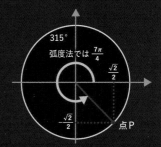

315°
弧度法では $\frac{7\pi}{4}$

$\frac{\sqrt{2}}{2}$

$-\frac{\sqrt{2}}{2}$

点 P

$\cos 150° = -\frac{\sqrt{3}}{2}$　$\sin 150° = \frac{1}{2}$

$\cos \frac{5\pi}{6} = -\frac{\sqrt{3}}{2}$　$\sin \frac{5\pi}{6} = \frac{1}{2}$

$\cos 210° = -\frac{\sqrt{3}}{2}$　$\sin 210° = -\frac{1}{2}$

$\cos \frac{7\pi}{6} = -\frac{\sqrt{3}}{2}$　$\sin \frac{7\pi}{6} = -\frac{1}{2}$

$\cos 315° = \frac{\sqrt{2}}{2}$　$\sin 315° = -\frac{\sqrt{2}}{2}$

$\cos \frac{7\pi}{4} = \frac{\sqrt{2}}{2}$　$\sin \frac{7\pi}{4} = -\frac{\sqrt{2}}{2}$

円弧の長さで角度をあらわす「弧度法」

これまでのページでは，30°や60°といった値で角度をあらわした。これは，1回転に相当する角度を360°とし，その360分の1を単位として角度をあらわす方法で，「度数法」とよばれる。実は，角度にはもう一つのあらわし方がある。それが「弧度法」である。弧度法では，角度を「長さ」と対応させてあらわす。具体的には，「その角度を中心角とする単位円の弧の長さ」だ。

たとえば360°の場合，中心角が360°の円弧とは円周のことだ。円周の長さは，「直径 × π」（πは円周率）である。半径が1なら直径は2なので，円周の長さは2πである。したがって，360°は，弧度法では「2π」とあらわす。

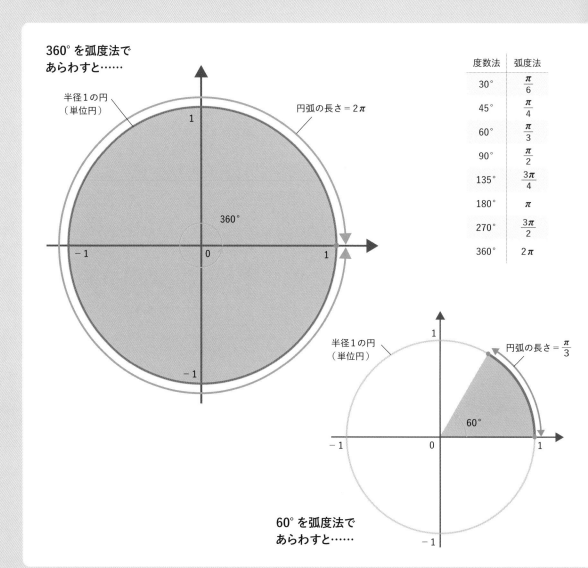

360°を弧度法であらわすと……

半径1の円（単位円）

円弧の長さ＝2π

360°

度数法	弧度法
30°	$\dfrac{\pi}{6}$
45°	$\dfrac{\pi}{4}$
60°	$\dfrac{\pi}{3}$
90°	$\dfrac{\pi}{2}$
135°	$\dfrac{3\pi}{4}$
180°	π
270°	$\dfrac{3\pi}{2}$
360°	2π

半径1の円（単位円）

円弧の長さ＝$\dfrac{\pi}{3}$

60°

60°を弧度法であらわすと……

このとき,角度の単位は「度」ではなく「ラジアン」を用いる。すなわち,360°は「2πラジアン」なのである。

では,180°を弧度法であらわすとどうなるだろうか。単位円において中心角が180°のおうぎ形の弧の長さは,$2\pi \times \frac{180°}{360°} = \pi$なので,180°は「π(ラジアン)※」となる。ちなみに60°は,$2\pi \times \frac{60°}{360°} = \frac{\pi}{3}$(ラジアン)となる。

角度を弧度法であらわす方法を使うと,おうぎ形の弧の長さや面積も簡単にあらわすことができる。半径がr,中心角がθのおうぎ形の弧の長さは,円周$2\pi r$に$\frac{\theta}{2\pi}$を掛けた「$r\theta$」だ。また,面積は円の面積$r^2\pi$に$\frac{\theta}{2\pi}$を掛けた「$\frac{1}{2}r^2\theta$」である。

角度を弧度法であらわす方法は,数学や物理学では一般的だ。本書ではこれ以降,記事の内容をあつかうのに都合がいい場合は,弧度法も使っていく。

※:おうぎ形の弧の長さをlとすると,$\theta = \frac{l}{r}$となるから,ラジアンは「長さ÷長さ」すなわち「単位なし」と同じであり,記載を省略してよい。

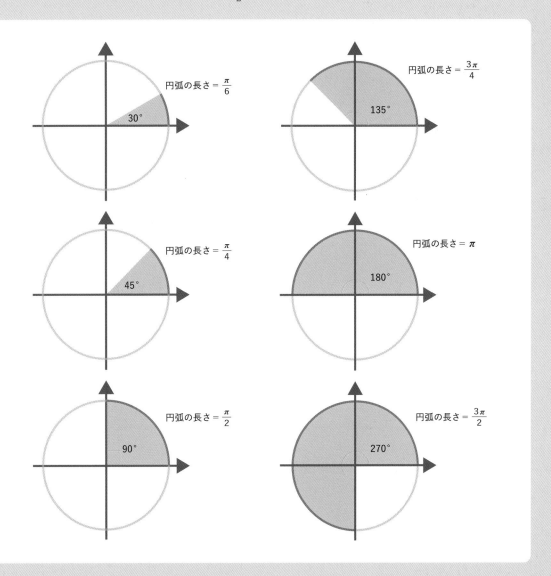

円弧の長さ = $\frac{\pi}{6}$　30°

円弧の長さ = $\frac{3\pi}{4}$　135°

円弧の長さ = $\frac{\pi}{4}$　45°

円弧の長さ = π　180°

円弧の長さ = $\frac{\pi}{2}$　90°

円弧の長さ = $\frac{3\pi}{2}$　270°

単位円を使って
三角関数を定義する

　ここでは，円を使って三角関数を定義しなおしてみよう。

　まず，右ページ1のような「座標平面」と原点を中心として，半径が1の円（単位円）をえがく。次に，この単位円上を，反時計まわりに回転する点Pを考える。点Pは，xが1，yが0，つまり（1，0）の点Dから出発する。

　点Pが反時計まわりに30°回転したとき，点Aの位置に一致する。このとき，xの値はcos30°（$=\frac{\sqrt{3}}{2}$），yの値はsin30°（$=\frac{1}{2}$）であることがわかるはずだ。なお，点Pが反時計まわりに45°回転したとき，xの値はcos45°（$=\frac{\sqrt{2}}{2}$），yの値はsin45°（$=\frac{\sqrt{2}}{2}$），60°回転したとき，xの値はcos60°（$=\frac{1}{2}$），yの値はsin60°（$=\frac{\sqrt{3}}{2}$）である。

　そこで，単位円上の点Pがθだけ回転したとき，cosθを点Pのxの値，sinθを点Pのyの値として定義しなおすことにしよう（2）。tanθは，点Pのxとyを使って$\frac{y}{x}$と定義する※。こうすることで，**三角関数は直角三角形のしばりから解き放たれ，どんな大きさの角度でも（負の値をもった角度も）あつかうことができるようになるのである。**

※：$x = 0$のときは，tanθは定義できない。

単位円で定義される
三角関数 （→）

半径が1の単位円を使って，30°，45°，60°におけるサインとコサインの値を示した。単位円上にある点Pが，点D（1，0）から反時計まわりにθだけ回転したとき，cosθは点Pのxの値，sinθは点Pのyの値として定義される。

---

2. 単位円上を動く点を使って
サインとコサインを定義する

単位円上にある点Pは，点D（1，0）から出発する。この点から反時計まわりに回転したときの角度をθとする。そのときの点Pの座標は，（cosθ，sinθ）とあらわすことができる。

P（cosθ，sinθ）

第2象限
座標平面において
左上の領域。
・xの値は負
・yの値は正

-1

第3象限
座標平面において
左下の領域。
・xの値は負
・yの値は負

P′

負の値をもつ角度
角θは，負の値をとることもできる。2でみたように，点Pが反時計まわりにまわったとき，角度は正の値となる。一方で，点Pが時計まわりにまわったときは，角度は負の値となる。図の点P′は，単位円上を動く点が，点Dから（$-\theta$）だけまわった場所なので，その座標は，（cos（$-\theta$），sin（$-\theta$））とあらわすことができる。

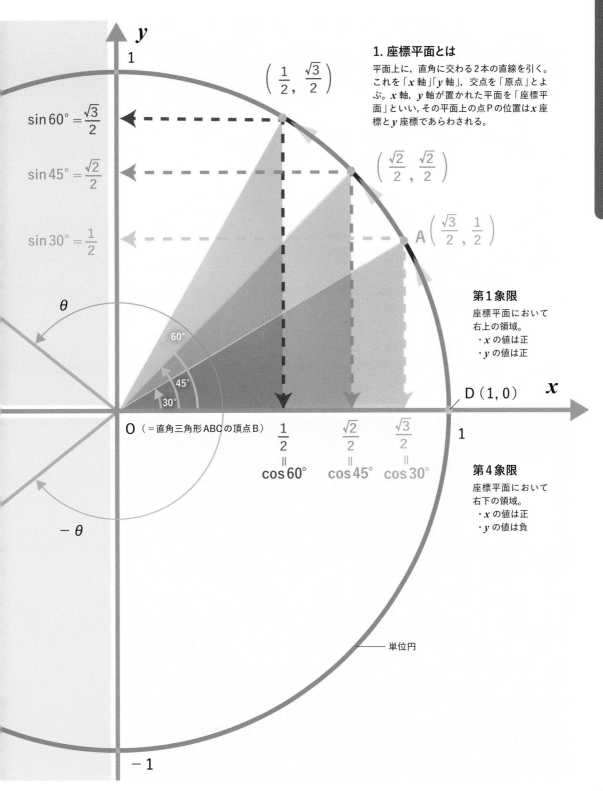

1. 座標平面とは
平面上に，直角に交わる2本の直線を引く。これを「x軸」「y軸」，交点を「原点」とよぶ。x軸，y軸が置かれた平面を「座標平面」といい，その平面上の点Pの位置はx座標とy座標であらわされる。

$\left(\dfrac{1}{2} , \dfrac{\sqrt{3}}{2} \right)$

$\left(\dfrac{\sqrt{2}}{2} , \dfrac{\sqrt{2}}{2} \right)$

$\sin 60° = \dfrac{\sqrt{3}}{2}$

$\sin 45° = \dfrac{\sqrt{2}}{2}$

$\sin 30° = \dfrac{1}{2}$

$A\left(\dfrac{\sqrt{3}}{2} , \dfrac{1}{2} \right)$

θ

60°

45°

30°

第1象限
座標平面において
右上の領域。
・xの値は正
・yの値は正

$D(1, 0)$

x

O （＝直角三角形ABCの頂点B）

$\dfrac{1}{2}$
‖
$\cos 60°$

$\dfrac{\sqrt{2}}{2}$
‖
$\cos 45°$

$\dfrac{\sqrt{3}}{2}$
‖
$\cos 30°$

1

第4象限
座標平面において
右下の領域。
・xの値は正
・yの値は負

$-\theta$

単位円

-1

さまざまな角度での
サイン・コサインの値を調べよう

　前節では, 単位円上を動く点Pがつくる
角度が「θ」だったとき, $\cos\theta$ は点Pの x
の値, $\sin\theta$ は y の値としてあらわすことが
できることをみた。本節ではこのことから,
90°をこえる角度や, 負の角度における三
角関数の値を求められることを, くわしく
みていこう。

　まず,第2象限にある点S $(\cos(180°-\theta),$
$\sin(180°-\theta))$ $(0°<\theta<90°)$ に焦点を
あてる。この点は, P $(\cos\theta, \sin\theta)$ を y
軸で左右反転させたものなので, 点Sの座
標は $(-\cos\theta, \sin\theta)$ となる。つまり,

$$\cos(180°-\theta)=-\cos\theta$$
$$\sin(180°-\theta)=\sin\theta$$

が成り立つ。

　今度は, 点Pを反時計まわりに90°回転
させた点R $(\cos(90°+\theta), \sin(90°+\theta))$
に焦点をあててみよう。図にえがかれた直
角三角形は, すべて合同な三角形である。
このことから, 点Rの x 座標は, 点Pの y
座標にマイナスをつけた「$-\sin\theta$」, 点R
の y 座標は, 点Pの x 座標と同じ「$\cos\theta$」
であることがわかる。つまり,

$$\cos(90°+\theta)=-\sin\theta$$
$$\sin(90°+\theta)=\cos\theta$$

が成り立つことがわかる。

　同様に考えていくと, **第1〜第4象限に**
あるすべての合同な直角三角形の頂点の座
標は, $\pm\cos\theta$ と $\pm\sin\theta$ $(0°<\theta<90°)$ だ
けで簡単にあらわせることが確認できる。

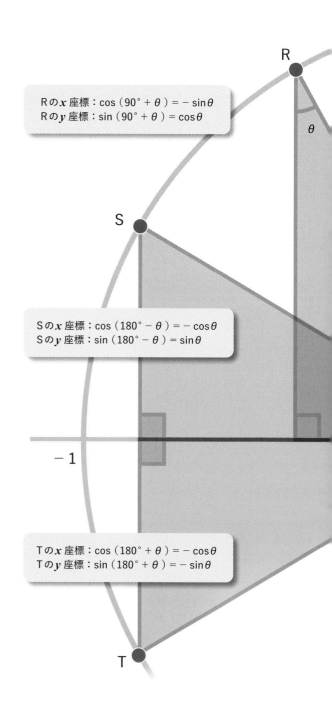

Rの x 座標：$\cos(90°+\theta)=-\sin\theta$
Rの y 座標：$\sin(90°+\theta)=\cos\theta$

Sの x 座標：$\cos(180°-\theta)=-\cos\theta$
Sの y 座標：$\sin(180°-\theta)=\sin\theta$

-1

Tの x 座標：$\cos(180°+\theta)=-\cos\theta$
Tの y 座標：$\sin(180°+\theta)=-\sin\theta$

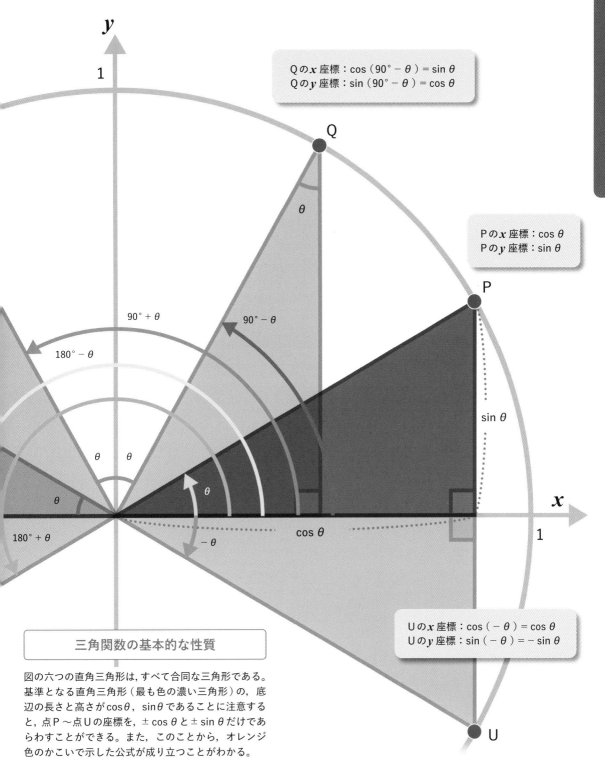

Qのx座標：$\cos(90° - \theta) = \sin\theta$
Qのy座標：$\sin(90° - \theta) = \cos\theta$

Pのx座標：$\cos\theta$
Pのy座標：$\sin\theta$

$90° + \theta$

$180° - \theta$

$90° - \theta$

θ

θ θ

θ

θ

θ

$180° + \theta$

$- \theta$

$\cos\theta$

$\sin\theta$

Uのx座標：$\cos(- \theta) = \cos\theta$
Uのy座標：$\sin(- \theta) = - \sin\theta$

三角関数の基本的な性質

図の六つの直角三角形は，すべて合同な三角形である。
基準となる直角三角形（最も色の濃い三角形）の，底
辺の長さと高さが$\cos\theta$，$\sin\theta$であることに注意する
と，点P〜点Uの座標を，$\pm\cos\theta$と$\pm\sin\theta$だけであ
らわすことができる。また，このことから，オレンジ
色のかこいで示した公式が成り立つことがわかる。

コンピュータゲームが楽しめるのは三角関数のおかげ

コンピュータゲームの制作（プログラミング）においては，私たちが学校で学んだ様々な数学の知識が登場する。たとえば一次関数や二次関数，二次方程式，三角関数，ベクトルと行列，微分と積分，虚数といったものがあげられる。なかでも三角関数は，ゲームの中でキャラクターを2次元や3次元のフィールドで自由に動かしたり，プレーヤーの視点をさまざまな方向に向けたりする操作に利用されている。

単純な例として，ある点Pの平面上の動きを考えてみよう。点Pと原点Oを結ぶ線分OPの長さをr，線分OPに向けてx軸正方向から正の向きにはかった角度をθとおくと，点Pの座標は三角関数を使って，

$$x = r\cos\theta, \quad y = r\sin\theta$$

とあらわすことができる。rを一定にしてθだけを変化させれば，点Pを円運動させることができる。点Pをθの方向に移動させたい場合は，rだけを変化させる。時間に比例してθとrをそれぞれ変化させれば，渦を巻くように点Pを動かすこともできる。

シューティングゲームの視点の回転を表現できる

プレーヤーの視線の向きをかえる動きについてもみてみよう。例として，$\overset{\text{ブイアール}}{\text{VR}}$（仮想現実）ゲームでの2次元平面内における視点の回転を考える。VRを体験する際，内部に映像が表示されるゴーグル型のヘッドセットを使用する。ヘッドセットを装着してプレーヤーが体を動かせば，ヘッドセットに内蔵されている加速度センサなどが体の動きを感知し，測定した角度に応じて表示される映像を変化させる。

今，銃で標的を撃破するVRゲームをしている。右ページ下のイラストのように，プレーヤーは銃を持って右を向いており，ヘッドセットにはゲーム内の風景や，構えている銃などが表示されている。この状態から，視線の高さを水平に保ったまま，反時計まわりに頭を回転させたとしよう。すると，回転の角度をセンサが検知し，その角度がプログラムに入力され計算が行われる。その結果をもとに，ヘッドセットに表示する映像が移りかわるというぐあいだ。

平面内での座標の移動をあらわす式

ここで，この平面内での座標の移動をあらわす式を求めてみよう。右上の図のように，はじめの点をP，点Pを原点を中心としてθ回転させたときの点をQとおき，点Pの座標を（x_1, y_1），点Qの座標を（x_2, y_2）と

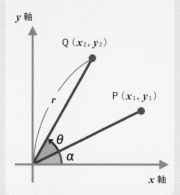

回転による座標の移動をあらわす式

$$x_2 = x_1\cos\theta - y_1\sin\theta$$
$$y_2 = x_1\sin\theta + y_1\cos\theta$$

おく。原点と点Pを結ぶ線分の長さをr，線分とx軸がなす角度をαとすると，点Pの座標は，

$$x_1 = r\cos\alpha \cdots\cdots ①$$
$$y_1 = r\sin\alpha \cdots\cdots ②$$

とあらわせる。一方，点Qの座標は，

$$x_2 = r\cos(\alpha + \theta) \cdots\cdots ③$$
$$y_2 = r\sin(\alpha + \theta) \cdots\cdots ④$$

となる。加法定理（64ページ参照）によれば，$\cos(\alpha + \theta) = \cos\alpha\cos\theta - \sin\alpha\sin\theta$，$\sin(\alpha + \theta) = \sin\alpha\cos\theta + \cos\alpha\sin\theta$なので，この式を③④に代入すれば，

$$x_2 = r\cos\alpha\cos\theta - r\sin\alpha\sin\theta$$
$$y_2 = r\sin\alpha\cos\theta + r\cos\alpha\sin\theta$$

となる。さらに，①②を代入す

ると，

$$x_2 = x_1 \cos\theta - y_1 \sin\theta$$
$$y_2 = x_1 \sin\theta + y_1 \cos\theta$$

をみちびくことができる。

3次元空間の運動で役立つ「四元数」

　ここでは，VRの視点の回転を2次元の動きに単純化して説明した。しかしゲーム内では，平面内だけでなく立体的な動きもある。3次元空間では，縦・横に加えて高さの値が必要になるが，3次元の計算をそのまま行うと計算が非常に複雑になる。そこで使われるのが，「四元数（クォータニオン）」である。四元数は一般には聞きなれない言葉だが，この数の概念を使うことでプログラムをより簡単にすることができる。

　四元数の概念について，簡単に説明しよう。まず，直線は単位元[※1] 1の実数倍で表現できる。複素数平面は，そこに虚数単位の一つであるiの実数倍の直線を追加した実数軸と虚数軸で構成できる。複素数は，いわば二元[※2]あるので「二元数」ともよばれる。行列が発達していなかった時代には，複素数こそが平面上の曲線を代数計算する方法として重用された。

　アイルランドの数学者ウィリアム・ローワン・ハミルトン（1805 ～ 1865）は，「3次元を代数計算するには三元数あればい」という仮説からスタートし，結果として四元数を発明した。四元数は，実数と三つの虚数からなる。この虚数の部分に3次元の情報を埋めこむことで，3次元の回転の計算を行うことができるというわけだ。

　四元数は計算を素早く行えるという大きなメリットがあることから，コンピュータゲームだけでなく，ロボットや宇宙機の制御，さらには分子の動きを計算する分子動力学や生物情報学など，さまざまな分野で使用されている。

※1：数学において，たとえばかけ算であれば，どんなに掛けても元と同じ結果になる要素のこと。
※2：二つの座標をもつということ。

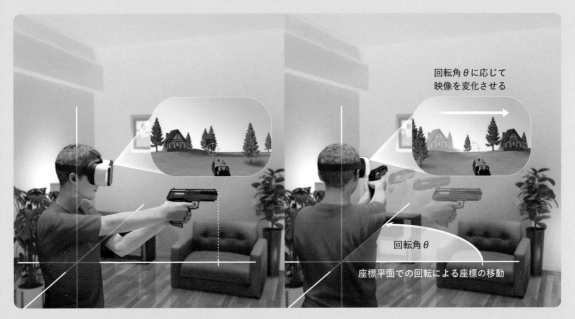

回転角θに応じて映像を変化させる

回転角θ

座標平面での回転による座標の移動

🍎 VRゲームで視線を回転させるようす

銃を持ったまま体を回転させ，視線を移動させているようすをえがいた。この動作は，プログラム上では，プレーヤーの位置を原点として，原点を中心に映像を一定の角度だけ動かす動作に相当する。プレーヤーの動きは，ヘッドセットに搭載された各種センサによって検知される。

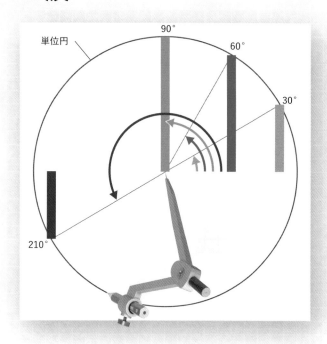

回転がつくりだす
サインの波とコサインの波

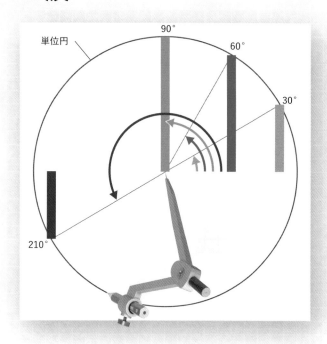

　0°に対するサイン（sin0°）の値は「0」である。そして，$\sin30° = \frac{1}{2} = 0.5$，$\sin60° = \frac{\sqrt{3}}{2} ≒ 0.87$ というぐあいに，角度を大きくしていくとサインの値はだんだん大きくなり，90°で「1」になる。90°をこえて回転させると，今度はサインの値はだんだん小さくなっていき，180°でふたたび「0」になる。

　180°をさらにこえて回転させると，点（コンパスの鉛筆の先）は円の中心よりも下（x軸よりも下）になるので，サインの値は負，つまりマイナスになる。そして270°で「マイナス1」になり，360°（一周）で「0」にもどる。

　このサインの変化を，横軸を角度としてグラフにえがくと，その形は「波」になる（右ページ図）。これは，コサインの変化をえがいたグラフも同様だ。**回転と波は一見無関係なように思えるが，実は三角関数を介して，深く結びついているのである。**

　なお，タンジェントについては，90ページに示した。

> サインとコサインの変化を
> グラフにすると
> 「波」があらわれる（→）

上段の図は，単位円上を反時計まわりに回転する点の縦方向の位置（サイン）の変化，下段の図は，横方向の位置（コサイン）の変化である。いずれもグラフにえがくと，同じ形の波があらわれる。

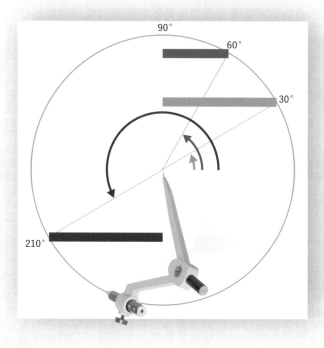

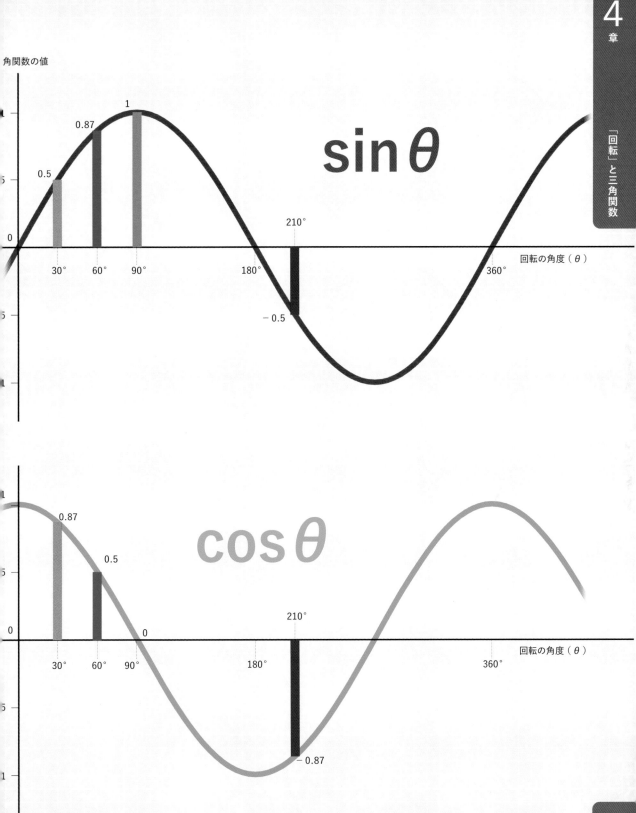

角関数の値

0.5

0.87

1

210°

−0.5

30° 60° 90° 180° 360°

回転の角度（θ）

$\sin\theta$

0.87

0.5

0

210°

−0.87

30° 60° 90° 180° 360°

回転の角度（θ）

$\cos\theta$

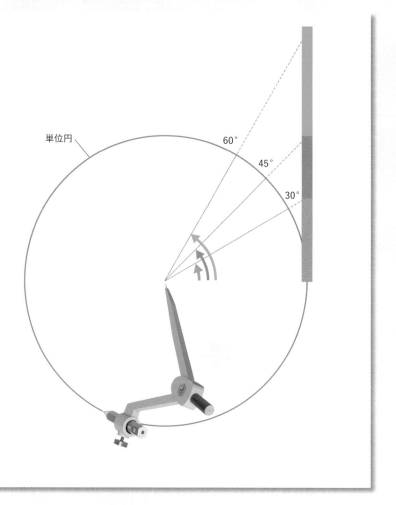

単位円

60°
45°
30°

回転がつくりだす
タンジェントの軌跡

0°に対するタンジェント（tan0°）の値は「0」だ。そして，$\tan 30° = \frac{1}{\sqrt{3}} \fallingdotseq 0.58$, $\tan 45° = 1$, $\tan 60° = \sqrt{3} \fallingdotseq 1.73$ というぐあいに，90°に近づくにつれてタンジェントの値はどんどん大きくなり，無限大（＋∞）に近づく。90°をこえると，今度はマイナスの無限大（－∞）からはじまり，ふたたび増加していく。そして180°のとき「0」にもどる。

この変化を横軸を角度としてグラフにえがくと，「波」にはならないが，180°周期変化する曲線があらわれる（右ページ上）。これは，単位円上を反時計まわりに回転する点と円の中心を結ぶ直線を，回転の開始点の真上（または真下）まで延長した点の，縦方向の位置（タンジェント）の変化だ。

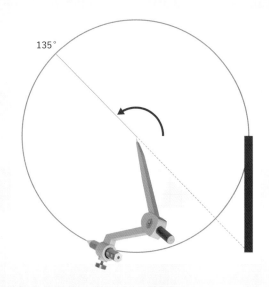

135°

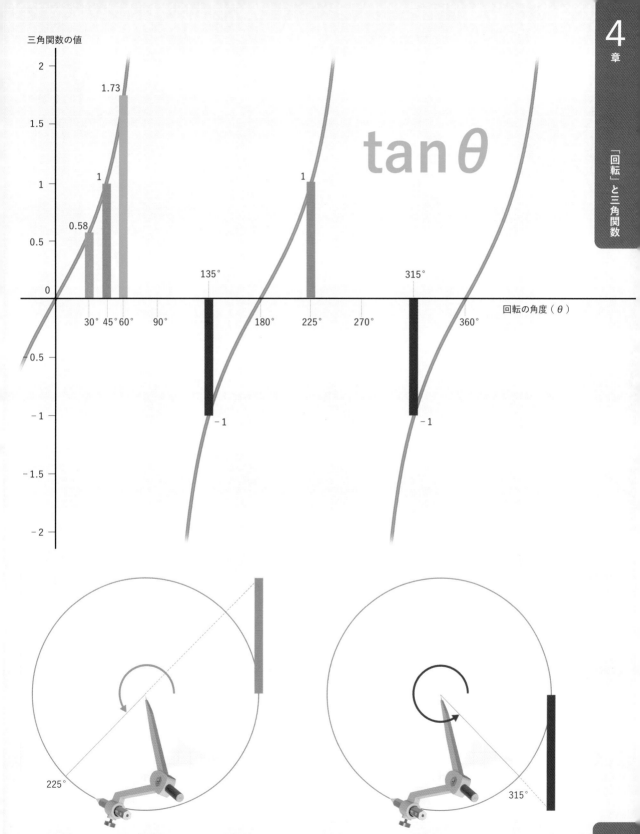

三角関数の値

2

1.73

1.5

1

0.58

0.5

0

135°

315°

回転の角度（θ）

tan θ

30° 45° 60°   90°   180°   225°   270°   360°
225°   315°

-0.5

-1   -1

-1.5

-2

225°

315°

らせん階段にあらわれる三角関数のカーブ

デザイン性にすぐれ，広い場所を必要としないなどの特徴をもつ「らせん階段」は，塔や灯台，美術館などさまざまな建築物に設置されている。らせん階段を横から見ると，手すりの部分には左右に波打つ美しいカーブがあらわれるが，**実はこれは，数学においてきわめて重要な曲線なのだ。**

このカーブと深い関係にあるのが，三角関数である。下に，$y = \sin x$ のグラフを示した。今，半径1の円（単位円）があり，その円周上の点が反時計まわりに回転するとしよう。点の高さ方向の位置は，点が回転するにつれて波打つように変化する。そして，**この $y = \sin x$ のグラフの向きを横から縦に置きなおしたものが，らせん階段の手すりに見られるカーブなのである。**

回転には三角関数がつきもの

いったいなぜ，らせん階段に三角関数のグラフと同じ形があらわれるのだろうか。らせん階段を上から見ると，手すりはちょうど円の円周にあたる。階段を登るごとに回転角が進んでいくので，横から見たときの手すりの位置が，$y = \sin x$ のグラフと同じになるというわけだ。

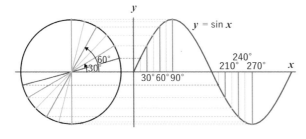

三角関数 $y = \sin x$ のグラフ

円の右にえがいたのが，$y = \sin x$ のグラフ。横軸（x）は，左にある半径1の円に示した回転角（30°や60°など）で，縦軸（y）は，その回転角に対応する円周上の点の高さ方向の位置をあらわしている。回転角が大きくなるにしたがって，$\sin x$ の値は波のように変動する。

らせん階段の美しい波形は「回転」が生みだしている

シンガポール・ブギス地区の建物に見られる，色とりどりのらせん階段。手すりにあらわれる波の形をしたカーブ（赤い曲線）は，三角関数である「$y = \sin x$」のグラフと同じものだ。

ばねや振り子の運動にあらわれる三角関数

今，上端を固定したばねに，重りがつるされている。この重りを下に引っぱって手を放すと，ばねはちぢんだりのびたりをくりかえす。その結果，重りの位置は上下に振動する。このとき，時間がたつにつれて，重りの位置はどのように変化するだろうか。

縦軸を重りの位置，横軸を時間とし，その変化をグラフにすると，右図のように「波」があらわれる。これは，前節でみたサインのグラフ（波）と基本的には同じものだ。

振り子の運動にも三角関数がひそむ

実は，ばねののびちぢみと同じように「振り子の運動」を追っても，サインの波があらわれる（右ページ下の図）。振り子も，ばねがついた物体と同様に，円運動をもとにした特定の振動をおこすことが知られている。この特定の振動による位置の変化を数式であらわすと，三角関数であるサインが必ずあらわれる。この波は「サイン波」（もしくは正弦波）とよばれる。

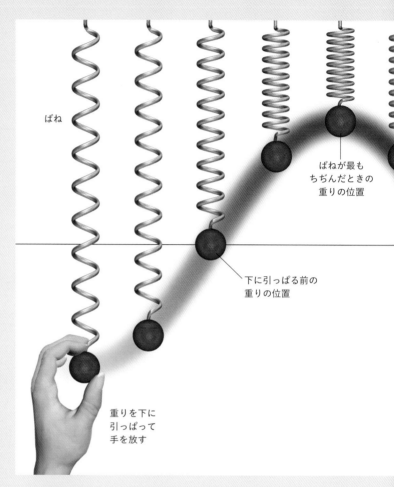

ばね

ばねが最もちぢんだときの重りの位置

下に引っぱる前の重りの位置

重りを下に引っぱって手を放す

あらわれる
サイン波（正弦波）

ばねののびちぢみによる重りの位置の変化を記録すると，上の赤い線のような波の形をしたグラフになる。これは「サイン波」とよばれ，基本的にはサインのグラフと同じものだ。

また，右図のように振り子の運動（振動）を記録しても，やはり同じ形の波があらわれる。ただし，振り子の運動がサイン波になるのは，振り子の角度が十分小さいときにかぎられる。

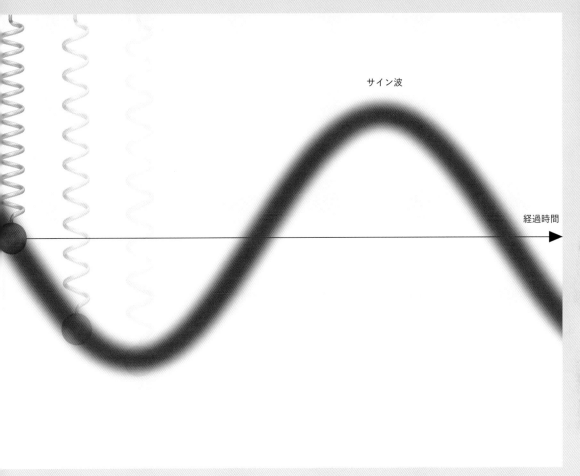

サイン波

経過時間

振り子

サイン波

光や音の性質は
三角関数を使って理解できる

三角関数は，私たちの日常にもひそんでいる。たとえば「光」や「電波」は，電場と磁場※の振動が周囲に広がっていく波であることが知られている。**その振動のようすをえがけば，波の形（サイン波）があらわれる。**

サイン波の，山から次の山までの長さを「波長」という（右ページ上）。波長がことなる光は，私たちの目にはそれぞれ別の色に見える。たとえば，長い波長（700ナノメートル）をも

つ光は「赤」に，短い波長（400ナノメートル）をもつ光は「紫」にといったぐあいだ（右ページ下）。ちなみに，太陽光を「プリズム」というガラスなどでできた三角柱の器具に通すと，赤や黄，緑や紫などさまざまな色に分かれる。これは，私たちの目には一見「白色」に見える光が，実はさまざまな色の光がまざってできたものであることを示し

ている。

また，声や楽器などの「音」も，空気の振動が周囲に広がって伝わる波である。グラフはもちろん波の形となり，波長がことなれば音の高低が変化する。

※：電場とは，電気的な力を生じさせる空間の性質のこと。磁場とは，磁力を生じさせる空間の性質のこと。

音や光は
サイン波をえがく

音の波と，光の波をえがいた。音の波は，1オクターブ高くなる（低いドから高いドになる）ごとに，波長が半分になる。下には単純なサイン波をえがいたが，実際の鉄琴の音の波はもっと複雑な形をしている。

楽器（鉄琴）

| ド（波長0.65メートル） |
| シ（波長0.69メートル） |
| ラ（波長0.77メートル） |
| ソ（波長0.87メートル） |
| ファ（波長0.97メートル） |
| ミ（波長1.03メートル） |
| レ（波長1.16メートル） |
| ド（波長1.30メートル） |

←波長→

←波長→

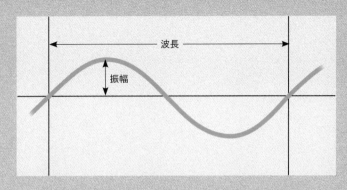

波は，山と谷が交互にくりかえされてできている。山一つ分と谷一つ分をあわせた長さを「波長」，山の高さを「振幅（しんぷく）」とよぶ。

太陽光とプリズム（→）

太陽光は白く見えるが，実は赤から紫までのさまざまな色の光がまざっている。白い光がプリズムを通ると，さまざまな色の光へと分解される。

白い光

さまざまな色の光

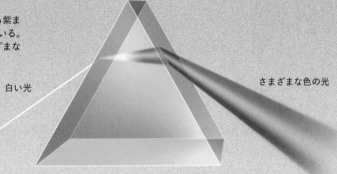

光の波長は，赤（下）に近いほど長く，紫（上）に近いほど短くなる。

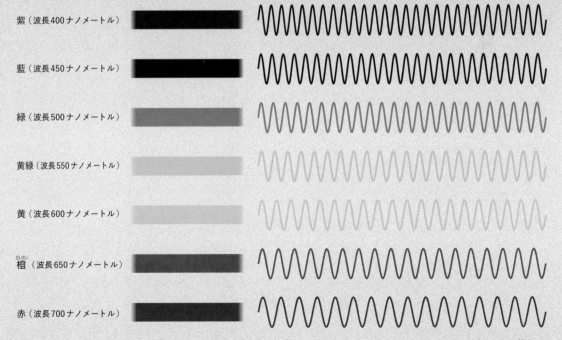

紫（波長400ナノメートル）

藍（波長450ナノメートル）

緑（波長500ナノメートル）

黄緑（波長550ナノメートル）

黄（波長600ナノメートル）

橙（だいだい）（波長650ナノメートル）

赤（波長700ナノメートル）

＊ナノは10億分の1。

三角関数は
「波」の分析に必要不可欠

今，一定の速度で円運動をしている物体に横から光を当て，その影をスクリーンに投影することを考えよう。すると，物体の影は上下に振動する（中段の図）。このような，円運動をもとにした振動を，物理学では「単振動」とよぶ。94ページで紹介したばねや振り子の運動も，この単振動だ。

単振動がそばにある物体に伝わると，少しタイミングがずれた振動が生じる。そのような振動の伝播が次々におこっていく現象こそが，「波」なのだ。

本章前半でみたように，円運動する物体の座標は，三角関数を用いてあらわすことができる。つまり，単振動も三角関数であらわすことができるし，単振動がつらなった波もまた，三角関数であらわすことができるということだ。

三角関数は
陰の立役者

さて，物体のもつ熱は，原子

や分子の「振動」である。また地震は，地下や地面の振動が広がっていく「波」（地震波）によっておきる自然現象である。つまり，私たちの身のまわりには，振動や波が満ちあふれているの

だ。それらの性質を解き明かしたり，音や光を解析し工学的に利用したりするために，三角関数は必要不可欠な存在であるといえる。

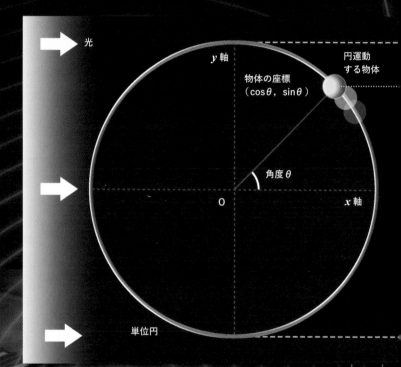

光

y 軸

物体の座標
$(\cos\theta, \sin\theta)$

円運動
する物体

角度 θ

O

x 軸

単位円

音波

円運動・振動・波と
三角関数の密接な関係（↗）

円運動と単振動，波は，三角関数を使ってあらわすことができる。なお，図の波紋はあくまでイメージで，波長などは実際とはことなる。

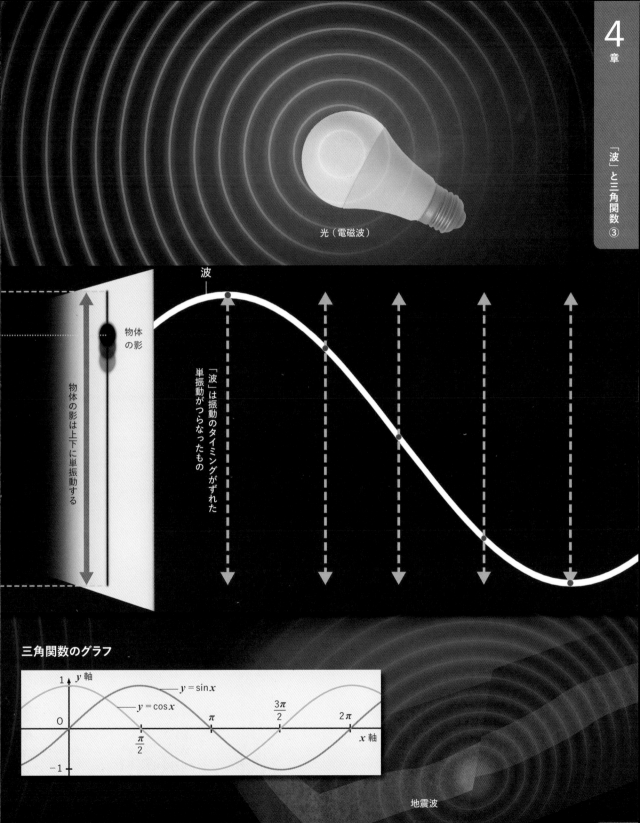

光（電磁波）

波

物体の影

物体の影は上下に単振動する

「波」は振動のタイミングがずれた単振動がつらなったもの

三角関数のグラフ

y 軸

1

$y = \sin x$

$y = \cos x$

O

$\dfrac{\pi}{2}$

π

$\dfrac{3\pi}{2}$

2π

x 軸

-1

地震波

三角関数の微分・積分を行う

この世界は光や音，電波など，多くの「波」であふれている。これらの波がどのように"変化"するのかを観察することは，光や音の性質を理解することにつながる。この変化の割合（変化率）を求める方法は，「微分」として知られている。

微分を行う方法をつくりあげたのは，イギリスの哲学者アイザック・ニュートン（1643 ～ 1727）と，ドイツの数学者ゴットフリート・ライプニッツ（1646 ～ 1716）である。

サインやコサインといった三角関数を微分すると，いったいどうなるのだろうか。微分する，つまり「変化率を求める」とは，「グラフの傾きを調べる」ことと言いかえることができる。もう少し正確にいうと，ある点における接線の傾きを調べるということだ。「接線」とは簡単にいえば，その関数に一点だけで接する直線である。また，直線の「傾き」とは，x 座標の増加量に対する y 座標の増加量の比，つまり $\frac{y}{x}$ であらわされるものだ。

サイン関数の傾きの変化はコサイン関数であらわされる

さて，$y = \sin x$ のグラフを注意深くみてみよう（右図上段）。x が0から $\frac{\pi}{2}$ までは，接線の傾きが増加し，$\frac{\pi}{2}$ で0（x 軸と平行）となることがわかる。その後，x が $\frac{\pi}{2}$ から $\frac{3\pi}{2}$ までの間は傾きが減少し，$\frac{3\pi}{2}$ で0となっている。そして，x が $\frac{3\pi}{2}$ から 2π までは，傾きはふたたび増加していくことがわかる。

これらの接線の傾きの変化を，新しく別の座標上にあらわしてみる。すると，どうやら「$y = \cos x$」になりそうだ（右図下段）。実際，サイン関数を微分すると，コサイン関数になる。

では，コサイン関数（$y = \cos x$）を微分するとどうなるだろうか。なんと，$y = -\sin x$ となるのだ。計算で，$y = \sin x$ の微分を求めてみよう（→102ページにつづく）。

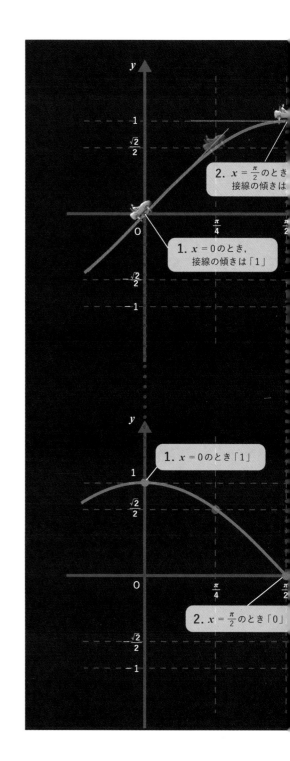

2. $x = \frac{\pi}{2}$ のとき接線の傾きは

1. $x = 0$ のとき，接線の傾きは「1」

1. $x = 0$ のとき「1」

2. $x = \frac{\pi}{2}$ のとき「0」

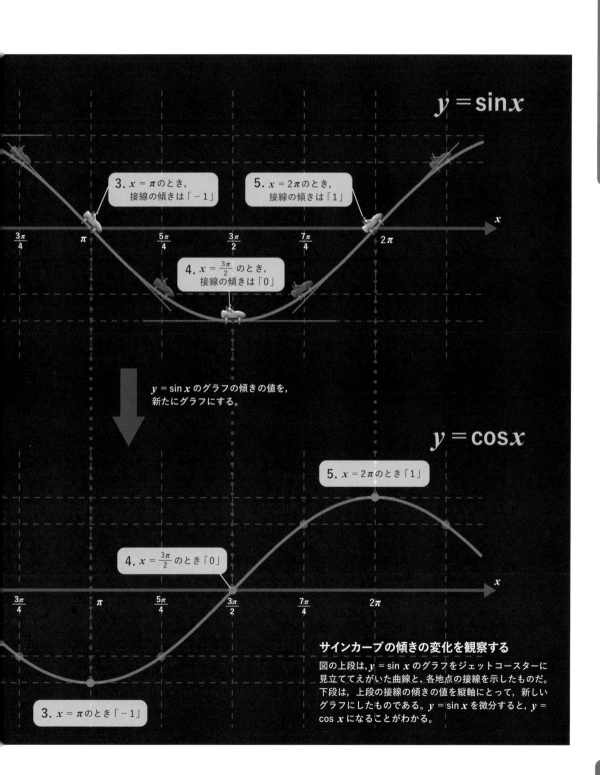

$y = \sin x$

3. $x = \pi$ のとき、
接線の傾きは「-1」

5. $x = 2\pi$ のとき、
接線の傾きは「1」

4. $x = \dfrac{3\pi}{2}$ のとき、
接線の傾きは「0」

$\dfrac{3\pi}{4}$ π $\dfrac{5\pi}{4}$ $\dfrac{3\pi}{2}$ $\dfrac{7\pi}{4}$ 2π x

$y = \sin x$ のグラフの傾きの値を、
新たにグラフにする。

$y = \cos x$

5. $x = 2\pi$ のとき「1」

4. $x = \dfrac{3\pi}{2}$ のとき「0」

$\dfrac{3\pi}{4}$ π $\dfrac{5\pi}{4}$ $\dfrac{3\pi}{2}$ $\dfrac{7\pi}{4}$ 2π x

3. $x = \pi$ のとき「-1」

サインカーブの傾きの変化を観察する

図の上段は、$y = \sin x$ のグラフをジェットコースターに
見立ててえがいた曲線と、各地点の接線を示したものだ。
下段は、上段の接線の傾きの値を縦軸にとって、新しい
グラフにしたものである。$y = \sin x$ を微分すると、$y =$
$\cos x$ になることがわかる。

下図Aの点A（x, $\sin x$）における接線は，どのようにすれば引くことができるだろうか。まず，点Aからx方向にhだけ離れた点Bを考える。すると，点Bの座標は（$x+h$, $\sin(x+h)$）とあらわされる。このとき，点Aと点Bを結んだ直線ABの傾きは，

$$\frac{\sin(x+h)-\sin x}{h}$$

とあらわされる。直線ABは，点Aの接線ではない。しかし，点Bを$y=\sin x$に沿って点Aに近づけていくと，直線ABは点Aの接線に近づくことがわかる（下図B）。

点Aに点Bをかぎりなく近づけるということは，点Aと点Bの水平距離であるhを0に近づけることと言いかえられる。つまり，「hがかぎりなく0に近づく」とき，直線ABの傾きは「点Aの接線の傾きにかぎりなく近づく」のだ。このことは極限の記号（$\lim\limits_{h\to 0}$）を使って，次のようにあらわすことができる。

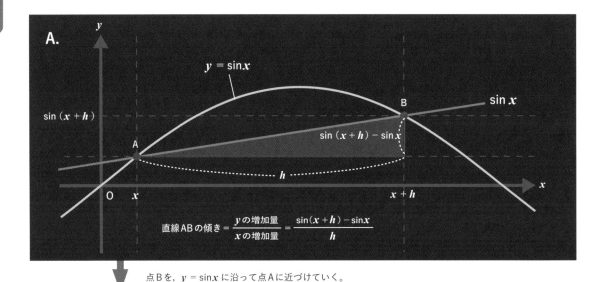

A.

$$y=\sin x$$

$$\sin x$$

$$\sin(x+h)$$

$$\sin(x+h)-\sin x$$

$$h$$

$$\text{直線ABの傾き}=\frac{y\text{の増加量}}{x\text{の増加量}}=\frac{\sin(x+h)-\sin x}{h}$$

点Bを，$y=\sin x$に沿って点Aに近づけていく。

B.

点Aにおける接線

点Bを点Aに近づける

$$\sin x$$

$$y=\sin x$$

$$\text{点Aでの接線の傾き}=\lim_{h\to 0}\frac{\sin(x+h)-\sin x}{h}$$

接線の傾きを求める

極限の考え方を使い，$y=\sin x$上の点Aにおける，接線の傾きを求める方法をえがいた。点Aにおける接線の傾きは，点Aとはことなる点Bを，$y=\sin x$に沿って点Aに近づけていくことで求められる。

点Aでの接線の傾き

$$= \lim_{h \to 0} \frac{\sin(x+h) - \sin x}{h}$$

よって，$y = \sin x$ を微分した関数を $(\sin x)'$ であらわすと，

$(\sin x)'$

$$= \lim_{h \to 0} \frac{\sin(x+h) - \sin x}{h} \cdots ①$$

となる。

1. $(\sin x)' = \lim_{h \to 0} \dfrac{\sin(x+h) - \sin x}{h}$ を展開する

①の $\sin(x+h)$ の項は，サインの加法定理を用いると，

$$\sin(x+h) = \sin x \cos h + \cos x \sin h$$

と変形できる。これを①にあてはめると，

$(\sin x)'$

$$= \lim_{h \to 0} \frac{\sin x \cos h + \cos x \sin h - \sin x}{h}$$

$$= \lim_{h \to 0} \frac{\sin x (\cos h - 1) + \cos x \sin h}{h}$$

となる。次に式を足し算の前後で分け，さらに h を含まない $(\sin x)$ と $(\cos x)$ を $\lim\limits_{h \to 0}$ の外に出すと，②のように変形できる。

$(\sin x)'$

$$= (\sin x) \times \lim_{h \to 0} \frac{\cos h - 1}{h}$$

$$\quad + (\cos x) \times \lim_{h \to 0} \frac{\sin h}{h} \cdots ②$$

2. $\lim\limits_{h \to 0} \dfrac{\sin h}{h}$ を求める

さて，ここで②に登場する $\lim\limits_{h \to 0} \dfrac{\sin h}{h}$ について考えよう。この式にしたがってそのまま h を0に近づけていくと，$\dfrac{\sin h}{h}$ は $\dfrac{0}{0}$ となり，計算することができない。

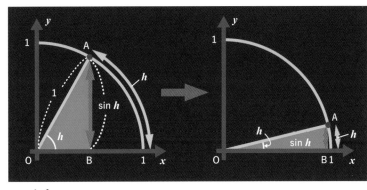

$\lim\limits_{h \to 0} \dfrac{\sin h}{h}$ を求める

原点O $(0, 0)$ を中心とした半径1の円弧をえがき，その円弧上に点Aを置く。そして，線分OAと x 軸がつくる角（中心角）の角度を h（ラジアン）とする。このとき，弧の長さは h となり，また，点Aから垂直に下ろした直線と x 軸との交点をBとしたとき，線分ABの長さは「$\sin h$」となる。

さて，図の右側のように，この h を小さくしていく（$h \to 0$）。すると，線分ABの長さ（$\sin h$）は，円弧の長さ（h）にかぎりなく近づいていくことがわかる（$\sin h \to h$）。つまり，$\lim\limits_{h \to 0} \dfrac{\sin h}{h} = 1$ が成り立つのである。

しかし，上のような図を考えることで，

$$\lim_{h \to 0} \frac{\sin h}{h} = 1 \ \cdots\cdots ③$$

をみちびくことができる。

3. $\lim\limits_{h \to 0} \dfrac{\cos h - \sin h}{h}$ を求める

次に，②の足し算の前の項に出てくる $\lim\limits_{h \to 0} \dfrac{\cos h - 1}{h}$ について考えてみよう。この式も2と同じく，そのまま h を0に近づけていくと，$\dfrac{\cos h - 1}{h}$ は $\dfrac{0}{0}$ となり計算することができない。そこで，次のように変形する。

$$\frac{\cos h - 1}{h}$$

$$= \frac{(\cos h - 1)(\cos h + 1)}{h(\cos h + 1)}$$

（分母と分子に $(\cos h + 1)$ を掛ける）

$$= \frac{\cos^2 h - 1}{h(\cos h + 1)}$$

$$= \frac{-\sin^2 h}{h(\cos h + 1)}$$

（$\sin^2 h + \cos^2 h = 1$ より）

$$= \frac{\sin h}{h} \times \frac{-\sin h}{\cos h + 1}$$

$$\underbrace{\qquad}_{(1)} \quad \underbrace{\qquad}_{(2)}$$

この式の h を0に近づけていくと，(1)は③より1に近づく。一方，(2)は $\dfrac{-0}{1+1}$ となるので，0に近づくことがわかる。よって，次のようになる。

$$\lim_{h \to 0} \frac{\cos h - 1}{h} = 1$$

$$= \underbrace{\lim_{h \to 0} \frac{\sin h}{h}}_{1} \times \underbrace{\lim_{h \to 0} \frac{-\sin h}{\cos h + 1}}_{0}$$

$$= 0$$

$$\cdots\cdots ④$$

③④を②に代入すると，$y = \sin x$ を微分した関数 $(\sin x)'$ は，次のようになる。

$$(\sin x)' = (\sin x) \times 0$$

$$\quad + (\cos x) \times 1$$

$$= \cos x$$

すなわち，$\sin x$ を微分すると，$\cos x$ になることがわかる。

三角関数の積分とは

微分と表裏一体の関係にあるのが「積分」である。積分とは簡単にいうと，曲線と x 軸に囲まれた領域の面積を求める方法のことだ。三角関数を積分すると，どのような関数になるだろうか。

前ページで確かめたように，$y = \sin x$ を微分すると，$y = \cos x$ となる。そして，この $y = \cos x$ をさらに微分すると，$y = -\sin x$ となる。このようにサイン関数とコサイン関数は，微分によってたがいに入れ替わりながら変化していく。

$y = -\sin x$ をさらに微分すると，$y = -\cos x$ となる。そ

して $y = -\cos x$ をさらに微分すると，$y = \sin x$ となる。つまり三角関数の微分をくりかえすと，4回で元にもどるのだ（$\sin x$ → $\cos x$ → $-\sin x$ → $-\cos x$ → $\sin x$）。

下にそれぞれのグラフの形をえがいた。ある点における傾きに注目することで，サイン関数からコサイン関数，そしてコサイン関数からサイン関数へと変

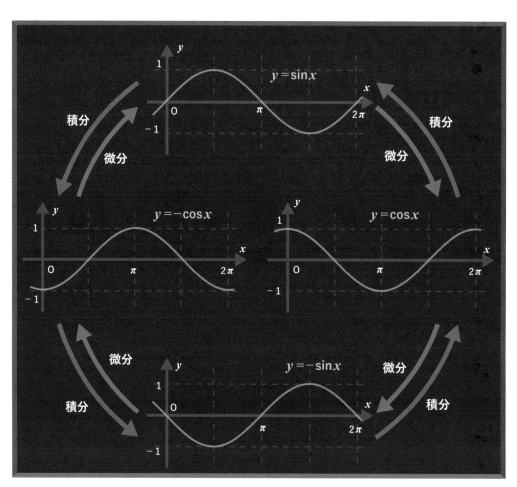

微分と積分は表裏一体
三角関数の微分と積分の関係性を図であらわした。$y = \sin x$ を4回微分すると，$y = \cos x$，$y = -\sin x$，$y = -\cos x$ を経て，$y = \sin x$ にもどってくる。また，積分とは微分の逆計算といえるので，$y = \sin x$ を4回積分した場合，逆まわりで $y = \sin x$ にもどってくる。

化していくことを確かめてみてほしい。また，積分とは微分の逆計算であることが知られている。そのため，$y = \sin x$ の積分をくりかえすと「$\sin x \rightarrow -\cos x \rightarrow -\sin x \rightarrow \cos x \rightarrow \sin x$」となる。

三角関数と x 軸で囲まれた面積を求めてみよう

では，サイン関数と x 軸で囲まれた面積を求めてみよう。

「$\int_0^{\frac{\pi}{2}} \sin x \, dx$」の値

まずは，x が 0 から $\frac{\pi}{2}$ までの範囲で，$y = \sin x$ と x 軸に囲まれた面積（下図・紫色の領域）を求める。

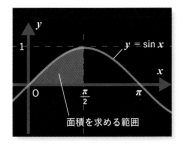

面積を求める範囲

紫色の領域の面積を求めるために，$y = \sin x$ を積分する。微分と積分は逆の計算といえるので，<u>$y = \sin x$ を積分するということは，微分すると $y = \sin x$ となる関数をさがすこと</u>といえる。

$y = -\cos x$ を微分すると $y = \sin x$ となる。つまり，$y = \sin x$ を積分すると，$y = -\cos x$ となる。

関数を積分するときには，「$\int$（インテグラル）」と「dx」という記号を使う。「$y = \sin x$ を積分すると $y = -\cos x$ になる」

ことは，次のように表現する。

$$\int \sin x \, dx = -\cos x + C$$
（ただし C は，どんな値でもとることができる積分定数）

これを，積分の中でも「不定積分」とよぶ。どこからどこまでの範囲の面積かを定めていないことから，そのような名前がつけられた。

今回は，x が 0 から $\frac{\pi}{2}$ までの範囲の面積を求める。この場合，次のように，「$\int$」の上下に範囲を示す。これを，不定積分に対し「定積分」とよぶ。

$$\int_0^{\frac{\pi}{2}} \sin x \, dx$$
（定積分では，計算の途中で積分定数 C が消えるので，C は省略する）

定積分は，積分してみちびきだされた関数に，上端の値（今回は $\frac{\pi}{2}$）を代入して求められた値から，下端の値（今回は 0）を代入して求められた値を引くという計算を行う。よって，下図のようになる。つまり，x が 0 から $\frac{\pi}{2}$ までの範囲で，$y = \sin x$ と x 軸に囲まれた面積は「1」となる。

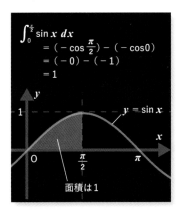

$$\int_0^{\frac{\pi}{2}} \sin x \, dx$$
$$= (-\cos \frac{\pi}{2}) - (-\cos 0)$$
$$= (-0) - (-1)$$
$$= 1$$

$y = \sin x$

面積は 1

「$\int_0^{2\pi} \sin x \, dx$」の値は 0 となる

さて，これをふまえて，$y = \sin x$ のグラフ全体をながめてみよう。ただし，x 軸より下にある部分は，"マイナスの面積"とする。グラフの形から，$y = \sin x$ を 0 から 2π までの範囲で積分すると，「0」となることがわかる。

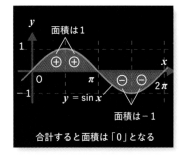

面積は 1

$y = \sin x$

面積は -1

合計すると面積は「0」となる

「$\int_0^{2\pi} \cos x \, dx$」の値も 0 となる

さらに，$y = \cos x$ のグラフは，$y = \sin x$ のグラフを横軸方向に $\frac{\pi}{2}$ だけずらしたものなので，$y = \cos x$ を 0 から 2π までの範囲で積分した値も「0」となる。

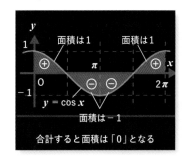

面積は 1　　面積は 1

$y = \cos x$

面積は -1

合計すると面積は「0」となる

三角関数と振動の物理学
～ 等速円運動や単振動, 交流回路をマスターしよう ～

執筆　和田純夫

　振動という現象は，三角関数が活躍する分野である。ここでは，振動現象の理解の基礎となる「等速円運動」，最も基本的な振動である「単振動」，そしてその応用として「交流回路」を，やさしくくわしく解説する。高校の物理の教科書に登場するこれらの現象を，一連の現象としてマスターしよう。

　振動とは簡単にいえば，**何かが行ったり来たりする現象である。振り子のゆれとか，ばねに**つけた重りの動きなどがわかりやすい例だが，**身のまわりにも振動現象はいくらでもある。**たとえば物体が音を出すのも，それが振動して空気を揺らすことによる。

　振動とは，何かが行ったり来たりする動きだと述べたが，その動きにはさまざまな形がある。振動の中でも，式で表したときに三角関数（sinやcos）になるものを，単振動とよぶ（調和振動というよび方もある）。これは最も基本的な振動であり，本節でも振動といった場合には，とくにことわらなければ，単振動をさすものとする。

振動と等速円運動

　振動の数学を理解するには，まず「等速円運動」からはじめるのが有効だ。これは，**円周上を一定の速さで物体が動く運動のことである。**振動そのものではないが，たとえば横方向の動

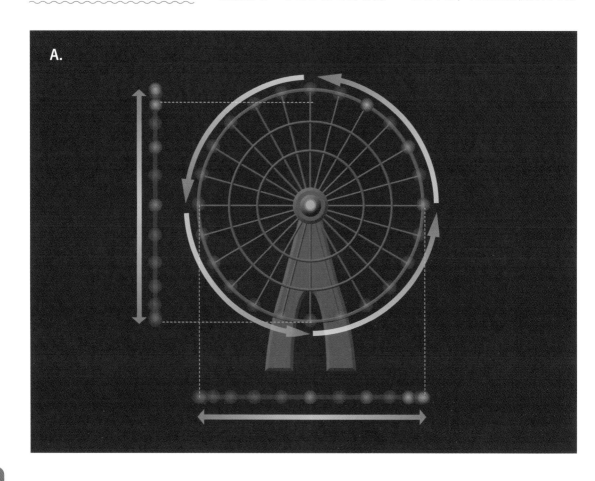

A.

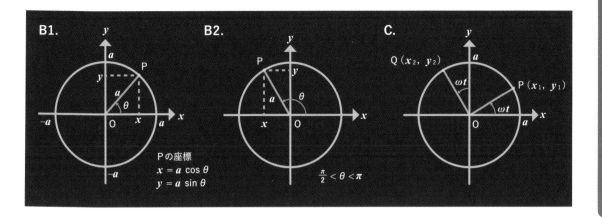

きだけをみれば，行ったり来たりの動きなので「振動」であり，縦方向についても同様だ。つまり円運動とは，二つの振動の組み合わせとみなすことができるのである（左ページA）。

円周上の点のあらわし方

等速円運動の具体的な式を書くために，まず，xy平面にある，原点Oを中心とする半径aの円周上を一定の速さで動く点を考えよう（B1）。ある時刻にこの点が，B1のPの位置にあったとする。x軸からはかったときのP方向の角度をθとしよう。するとPの座標(x, y)は，

$$\frac{x}{a} = \cos\theta, \quad \frac{y}{a} = \sin\theta$$

なので，

$$x = a\cos\theta, \quad y = a\sin\theta \quad \cdots\cdots ①$$

となる。B1では，Pの位置は第1象限（xもyも正の領域）にあるので，$0 < \theta < \frac{\pi}{2}(= 90°)$だが，そうである必要はない。たとえば，Pが動いて第2象限

にまでくれば（B2），$\frac{\pi}{2} < \theta < \pi$（$90° < \theta < 180°$）となる。このとき，

$$\cos\theta < 0, \quad \sin\theta > 0$$

なので，位置(x, y)は確かに第2象限になる。θがふえれば，Pは第3象限，第4象限と動き，そして$\theta = 2\pi(360°)$になると一周だ。θがさらにふえれば，Pはこの円周上をさらにぐるぐるとまわることになる。

点の時間経過をあらわす

時間が経過すればPは動き，角度θもかわる。そのことを表現するために，角速度ωと，初期角θ_0という量を導入する。ωとは，単位時間あたりに角度がどれだけふえるかをあらわす量であり，角度の変化率である。またθ_0は，時刻$t = 0$での角度のことだ。時間がtだけ経過すると角度はωtだけふえるので，そのときの角度は，

$$\theta = \omega t + \theta_0 \quad \cdots\cdots ②$$

と書ける。

また，Pが一周するのにかかる時間を「周期」といい，通常大文字で「T」と書く。一周は角度で2πなので，

$$2\pi = \omega T$$

すなわち，

$$T = \frac{2\pi}{\omega} \quad \cdots\cdots ③$$

とあらわすことができる。これは，ωという速さで2πだけ動くのにかかる時間がTであるという意味の式だ。

円運動の先行・後行

次に，初期角θ_0について考えてみよう。比較のため，二つのケースを考える。

運動1：時刻$t = 0$で，x軸上の点$(a, 0)$から出発する場合
運動2：時刻$t = 0$で，y軸上の点$(0, a)$から出発する場合

ωは共通であるとする。つまり，どちらも円周上を同じ速さで動く。

運動1で動く点をP，運動2で

動く点をQとし，Pの座標を(x_1, y_1)，Qの座標を(x_2, y_2)と書こう。運動1では，$t = 0$では角度θ（シータ）が0なので，$\theta_0 = 0$であり，$\theta = \omega t$なので，一般の時刻tでは，次のようになる。

$$x_1 = a \cos \omega t, \ y_1 = a \sin \omega t \quad \cdots\cdots ④$$

一方運動2では，$t = 0$での角度は$\frac{\pi}{2}$なので，$\theta_0 = \frac{\pi}{2}$であり，$\theta = \omega t + \frac{\pi}{2}$なので，

$$x_2 = a \cos \left(\omega t + \frac{\pi}{2} \right)$$
$$= -a \sin \omega t \quad \cdots\cdots ⑤$$
$$y_2 = a \sin \left(\omega t + \frac{\pi}{2} \right)$$
$$= a \cos \omega t$$

となる（200ページの公式を使った）。

前ページ図Cに，PとQの動きを示した。同じ角速度で動いているので，OPとOQはつねに直交している。つまり，OQのほうが4分の1周だけ，つねに先行している。このことを，OQのほうが「角度$\frac{\pi}{2}$だけ進んでいる」と表現する。といっても，OQのほうが4分の3周だけ遅れているとし，OQのほうが「角度$\frac{3\pi}{2}$だけ遅れている」と表現しても同じことだ。そのときは，$\theta_0 = -\frac{3\pi}{2}$であり，

$$x_2 = a \cos \left(\omega t - \frac{3\pi}{2} \right)$$
$$\cdots\cdots ⑥$$
$$y_2 = a \sin \left(\omega t - \frac{3\pi}{2} \right)$$

となるが，三角関数の公式を使えば⑤と同じになる。

一般に，θ_0のことなる二つの円運動があった場合，θ_0が大きいほうが先行している（進んでいる）ことになる。しかし，三角関数の性質から，θ_0は2πだけふやすことも減らすこともできるので[1]，進んでいるほうを逆に，遅れているとみなすこともできる。ただし，θ_0の範囲を$-\pi < \theta_0 \leqq \pi$（絶対値180°未満ということ）に限定すれば，どちらが進んでいるかは確定する。以下では，とくにことわらなければ，θ_0の範囲をこのように限定する。

円運動の速度ベクトル

次に，等速円運動（とうそくえんうんどう）の速度ベクトルを考えよう。ベクトルとは向きと大きさをもつ量のことで，「速度ベクトル」とは点の動く方向を向く，大きさが速さに等しいベクトルのことだ。下図D1には，物体がP_1，P_2，P_3…と動いたときの，各位置での速度ベクトルをかいた。向きは動きの方向なので，各P_iでの接線方向である。

Pが動くと，接線方向もかわる。つまり，OP_iが回転すれば速度ベクトルも回転する。速度ベクトルを1か所に集めたのが，D2である。大きさは一定

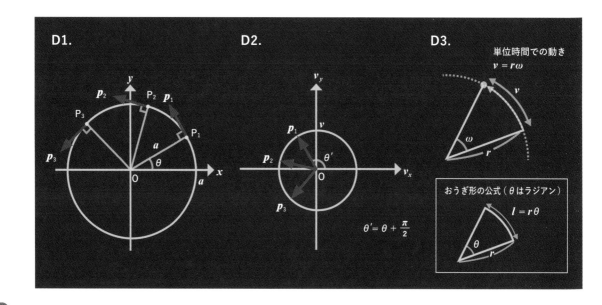

（＝Ｐの速さv）だが，向きはかわるので，速度ベクトルの先端は，半径vの円周上をまわる。物体が一周すると，速度ベクトルの向きも一回転するのが，おわかりいただけるだろう。

速度ベクトルを，成分を使って（v_x，v_y）と書こう。たとえば，物体がＰ$_1$の位置にあったとき，これは，**D2**では点p_1の方向を向く。接線は半径方向OP$_1$とは直交するので，op_1方向の角度θ'は，

$$\theta' = \theta + \frac{\pi}{2}$$

である。つまり，

$$
\begin{aligned}
v_x &= v \cos \theta' \\
&= v \cos \left(\theta + \frac{\pi}{2} \right) \\
&= - v \sin \theta \\
v_y &= v \sin \theta' \\
&= v \sin \left(\theta + \frac{\pi}{2} \right) \\
&= v \cos \theta
\end{aligned}
$$

　　　　　　……⑦

となる。言いかえれば，速度ベクトルは位置にくらべて，$\frac{\pi}{2}$つまり90°だけ進んで（先行して）回転していることになる。

位置（x，y）から速度（v_x，v_y）へという関係は，微分の関係でもある。位置座標の時間微分が速度なので，

$$
\begin{aligned}
v_x &= \frac{dx}{dt} \\
v_y &= \frac{dy}{dt}
\end{aligned}
$$

　　　　　　……⑧

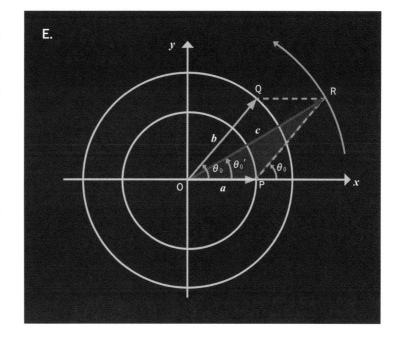

E.

であるはずだ[※2]。実際$\theta = \omega t + \theta_0$を使えば，$x = a \cos (\omega t + \theta_0)$より，

$$
\begin{aligned}
\frac{dx}{dt} &= a \frac{d}{dt} \cos (\omega t + \theta_0) \\
&= - a \omega \sin (\omega t + \theta_0) \\
&= - v \sin \theta
\end{aligned}
$$

　　　　　　……⑨

となり，⑦のv_xと一致する。ただし，202ページ下の関係および，$v = a \omega$という速度と角速度との関係式（**D3**）を使った。v_yについても同様である。また，この計算を逆に使えば，⑦から三角関数の微分公式をみちびくこともできる。

二つの円運動の合成

次に，二つの円運動の合成ということを考えよう。二点ＰとＱは，共通の角速度ωで，等速円運動をしているとする。円の半径は，等しい必要はない。初期角も等しい必要はないが，ωが共通ならば，ＰとＱは一定の角度を保ちながら回転することになる。

$t = 0$でのＰとＱの位置が，上のＥのようになっているとする。$t = 0$という時刻をうまく選んで，Ｐの初期角が0となるようにした。Ｑの回転は角度θ_0だけＰより進んでいる。そして，

※1：円周上の点の位置は一周するごとに元にもどるので，点Ｐ（$a \cos \theta$，$a \sin \theta$）と，n周分進んだ点P'（$a \cos (\theta + 2n\pi)$，$a \sin (\theta + 2n\pi)$）の位置は一致する（nは整数。nがマイナスの場合は，n周分「遅れた」点）。すなわち，次の式が成り立つ。$\sin (\theta + 2n\pi) = \sin \theta$，$\cos (\theta + 2n\pi) = \cos \theta$，$\tan (\theta + 2n\pi) = \tan \theta$

※2：xをtで微分することを「$\frac{dx}{dt}$」（ディーエックス・ディーティ）と書く。もっと簡単に，tでの微分であることをことわったうえで「′」（ダッシュもしくはプライム）をつけて，x'（エックスダッシュ）と表現することもできる。

ベクトルOPとOQを合成したものをORとする（ORは，OPとOQを二辺とする平行四辺形の対角線と一致する）。

　PとQが回転すれば，Rも同じ角速度ωで回転し，これが合成した円運動である。三つのベクトルはすべてωで回転するので，たがいの間での角度のずれは，時間が経過してもかわらないということが重要だ。

　具体的には，P，Q，Rの円運動の半径をそれぞれa，b，cとし，三角形OPRに注目すると，余弦定理より，

$$c^2 = a^2 + b^2 - 2ab\cos(\pi - \theta_0)$$

	円運動	振動
θ	角度	位相
ω	角速度 （角度の変化率）	角振動数 角周波数 （位相の変化率）

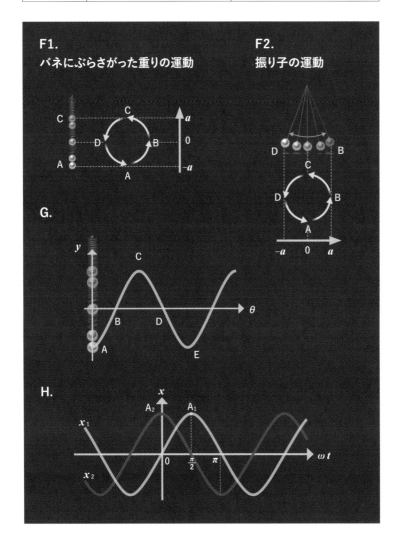

F1.
バネにぶらさがった重りの運動

F2.
振り子の運動

G.

H.

となる。

またRの初期角であるθ_0'は，正弦定理より，

$$\frac{c}{\sin(\pi - \theta_0)} = \frac{b}{\sin\theta_0'}$$

なので（$\theta_0 > 0$ とした），

$$\sin\theta_0' = \frac{b}{c}\sin(\pi - \theta_0) = \frac{b}{c}\sin\theta_0$$

となる（200ページ，上から4番目の公式を使った）。これらの公式は，あとで「交流回路」を考えるときに使うが，そのときはしばしば$\theta_0 = \frac{\pi}{2}$なので（つまりOPとOQは直交する），

$$c^2 = a^2 + b^2$$
$$\sin\theta_0' = \frac{b}{c}$$

すなわち，

$$\tan\theta_0' = \frac{b}{a} \qquad \cdots\cdots ⑩$$

になる。角度θ_0'自体を知りたいときは，⑪のように，逆三角関数（118ページでくわしく解説）を使うことになる。

$$\theta_0' = \tan^{-1}\frac{b}{a} \qquad \cdots\cdots ⑪$$

また，$\theta_0' < 0$のとき（Qのほうが遅れているとき）は，

$$\sin\theta_0' = -\frac{b}{c}$$

すなわち，

$$\tan\theta_0' = -\frac{b}{c}$$

となる。以上で円運動の話を終わり，振動の話に移ることにしよう。

円運動から振動へ

　円運動をしている物体の，横

方向の動きだけをみてみよう。横方向が座標のx軸であるとし，円の中心が$x=0$に対応するとする（107ページ図B）。この物体のx座標は，$x=-a$と$x=a$との間を行ったり来たりする。式で書くと，①②より，

$$x = a\cos\theta$$
$$= a\cos(\omega t + \theta_0) \cdots\cdots ⑫$$

となる。同様に縦方向の動きは，

$$y = a\sin\theta$$
$$= a\sin(\omega t + \theta_0) \cdots\cdots ⑫'$$

だ。これらの動きそれぞれが，単振動である。aは振動の幅をあらわしているので，振幅とよぶ。また，$\theta = \omega t + \theta_0$は円運動では「角度」だが，振動では「位相」とよぶ。θ_0は時刻0での位相，つまり初期位相である。また，円運動の場合，ωは角度の変化率，つまり角速度をあらわしているが，振動の場合には位相の変化率だ。これは「角振動数」，あるいは「角周波数」とよばれる。ωtが2πだけふえれば，振動は一往復する。それにかかる時間，つまり周期をTとすれば，次のようになる。

$$\omega T = 2\pi$$

すなわち，

$$T = \frac{2\pi}{\omega} \qquad \cdots\cdots ⑬$$

である。これはもちろん，円運動での角速度と周期の関係式である③と同じだ。

振動の例として，ばねにぶらさがった重りが上下に動くという運動を考えてみよう（左ペー

ジF1）。バネは伸縮が大きいと力も大きくなるが，伸縮の大きさと力の大きさが比例しているとき（フックの法則），重りの動きは正確に単振動になる。つまり，三角関数であらわされることが知られている。重りの上下の動きは，円運動の縦の動き（y座標）に一致する。

図F2は，振り子の例である。重りの左右の動きは，円運動の横方向の動き（x座標）に一致する。ただし，振り子の振れ幅が大きいと完全には一致しない。これは，重りにはたらく力が，厳密には振れ角に比例しないためだ。ただ，物理の問題としては，振り子の振動も単振動としてあつかわれることが多いようである。

さて，図F1であらわされる振動をグラフにかくと，図Gのようになる。A〜Dは図Fの円運動のA〜Dに相当し，Eは一回転したあとのAに相当する。つまり，AからEまでが振動の一往復をあらわし，円運動での一回転に対応する。振動の一往復にかかる時間Tが，振動の周期だ。また，単位時間あたりの振動の回数f（振動数あるいは周波数とよぶ）は周期Tの逆数なので，⑬を使えば，

$$f = \frac{1}{T} = \frac{\omega}{2\pi}$$

すなわち，

$$\omega = 2\pi f \qquad \cdots\cdots ⑭$$

とあらわされる。ωは「角度換算したときの振動数」という意味で，角振動数などとよばれる。

位相の進み・遅れ

ここで，位相の進み・遅れということについて解説をしよう。円運動での，先行・後行に対応する問題だ。

まず，次の式であらわされる二つの振動を比較する。

$$x_1 = a\sin\omega t$$
$$x_2 = a\cos\omega t$$
$$= a\sin\left(\omega t + \frac{\pi}{2}\right)$$

この二つの振動をグラフにかくと，図Hのようになる。形は同じだが，左右にずれている。たとえば，x_1のA$_1$がx_2のA$_2$に対応する。A$_2$のほうが$\frac{\pi}{2}$だけ左にあり，左のほうが時間が早いので，それだけ先行している，つまり「進んでいる」ことになる。このとき，位相が「$\frac{\pi}{2}$だけずれている」，あるいは「x_2のほうが$\frac{\pi}{2}$だけ進んでいる」（x_1のほうが$\frac{\pi}{2}$だけ遅れている）と表現する。

また，一周期は位相にして2πなので，$\frac{\pi}{2}$とは，時間でいえば4分の1周期，つまり$\frac{T}{4}$になる。時間でいえば，「x_1とx_2は$\frac{T}{4}$だけずれている」ということもできるのだ。

これらの話はすべて，円運動にもあった内容だ。振動での位相のずれとは，対応する円運動を考えれば角度のずれになるので当然である。

振動と円運動との対応は，位置と速度の関係にもあてはまる。振動する物体の速度は，その位置を時間で微分すれば得ら

れるが，円運動の速度は⑦ですでに求めてあるので，すぐにわかる。

たとえば $x = a\cos\theta$ とすれば，⑨より，

$$v_x = -v\sin\theta$$
$$= v\sin(\theta + \pi)$$
$$= v\cos\left(\theta + \frac{\pi}{2}\right)$$

となる。つまり速度 v_x は，位置 x にくらべて「$\frac{\pi}{2}$ だけ進んでいる」ことになる。$x = a\sin\theta$ としても同じだ。微分したものはつねに，$\frac{\pi}{2}$ だけ進んだ（先行した）振動になるのである。

交流

最後に，これまでの話の応用として振動する電流，つまり「交流」の話をしよう。「直流」がつねに一方向に流れる電流であるのに対し，**交流は，一定の周期で流れる方向が逆転する電流である。**

交流といってもさまざまなものがあるが，**通常の交流は正弦**関数であらわされ，その向きは滑らかに周期的に変化する。このような電流を「正弦波交流」という。

単位時間あたりの，電流方向の入れ替わりの回数が「周波数」である。振動数ともいうが，電気の場合には，周波数という表現が多いようだ。振動の角振動数 ω は，周波数 f から⑭によって得られる。また，1秒あたりの周波数の単位を「Hz（ヘルツ）」といい，歴史的な理由で，

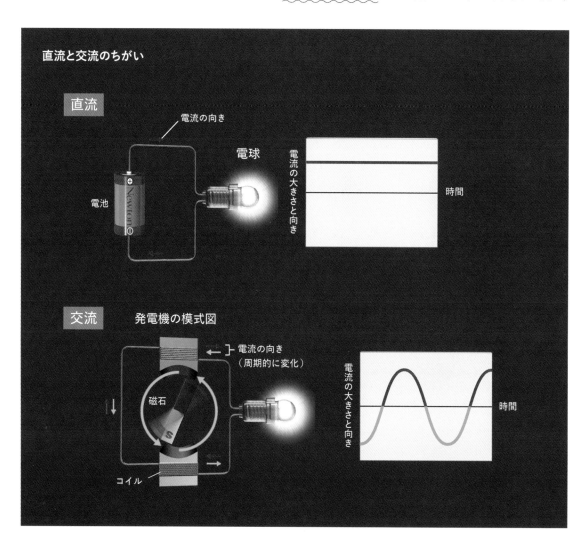

直流と交流のちがい

直流

電流の向き

電球

電池

電流の大きさと向き

時間

交流　発電機の模式図

電流の向き
（周期的に変化）

磁石

S

電流の大きさと向き

時間

コイル

東日本の電気は50Hz, 西日本では60Hzになっている。

最初に, 交流電源に回路素子（抵抗器, コンデンサ, コイル）を一つだけつけた, 簡単な回路を考えてみよう。以下の議論では電源の電圧（ここでは$V_{源}$とよぶ）は,

$$V_{源} = V_0 \sin \omega t \quad \cdots\cdots ⑮$$

であるとする。

抵抗

下図Iaは, 電源に抵抗値Rの「抵抗（器）」をつけた回路である。抵抗に対してオームの法則$V = IR$が成り立つとすれば, 流れる電流I_Rは,

$$
\begin{aligned}
I_R &= \frac{V_{源}}{R} \\
&= \frac{V_0}{R} \sin \omega t \quad \cdots\cdots ⑯
\end{aligned}
$$

となる。単に係数にRがつくだけなので, <u>電流と電圧の間に位相のずれはない</u>（下図Ja）。

コンデンサ

図Ibは, 電源に「コンデンサ」（キャパシタともいう）をつけた回路である。コンデンサとは, 加える電圧に比例した量の電荷（電気）をためる回路素子だ。もし, 電流が直流だったら, つま

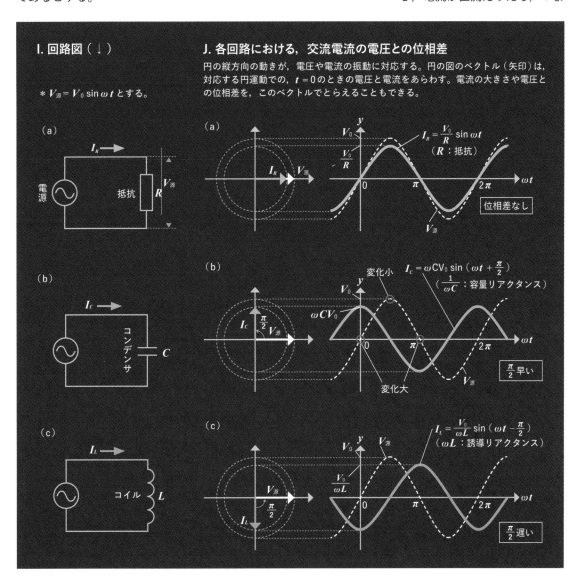

I. 回路図（↓）

* $V_{源} = V_0 \sin \omega t$ とする。

（a）

電源　抵抗　R　I_R　$V_{源}$

（b）

I_C　コンデンサ　C

（c）

I_L　コイル　L

J. 各回路における, 交流電流の電圧との位相差

円の縦方向の動きが, 電圧や電流の振動に対応する。円の図のベクトル（矢印）は, 対応する円運動での, $t = 0$のときの電圧と電流をあらわす。電流の大きさや電圧との位相差を, このベクトルでとらえることもできる。

（a）

V_0　$\frac{V_0}{R}$　I_R　$V_{源}$

$$I_R = \frac{V_0}{R} \sin \omega t$$
（R：抵抗）

$V_{源}$

位相差なし

（b）

V_0　I_C　$\frac{\pi}{2}$　$V_{源}$　変化小　$\omega C V_0$　変化大　$V_{源}$

$$I_C = \omega C V_0 \sin \left(\omega t + \frac{\pi}{2} \right)$$
（$\frac{1}{\omega C}$：容量リアクタンス）

$\frac{\pi}{2}$早い

（c）

V_0　$V_{源}$　$\frac{V_0}{\omega L}$　$\frac{\pi}{2}$　I_L

$$I_L = \frac{V_0}{\omega L} \sin \left(\omega t - \frac{\pi}{2} \right)$$
（ωL：誘導リアクタンス）

$\frac{\pi}{2}$遅い

り電圧が一定だったら，コンデンサにすぐに電荷がたまり，それによる電圧が，電源の電圧とバランスして，電流は止まってしまう。しかし交流の場合，電圧のバランスのためにコンデンサにたまるべき電荷は，大きさも符号もたえず変化するので，つねに電流が流れつづける（電荷がかわるためには，電流が流れこみ，そして流れださなければならない）。

　電流は，どのように変化するだろうか。電圧が最も変化するとき（つまり電圧＝0付近），コンデンサの電荷の変化も最大になるので，電流の大きさが最大になる（前ページ図Jb）。逆に，電圧が最大になる付近では，電圧の変化は最小になるので，電流の大きさはほぼ0になる。

　このように考えて，電圧の変化と電流の変化を比較したのが，前ページ図Jbである。位相が $\frac{\pi}{2}$（周期の4分の1）だけずれている（電流のほうが先行して

いる）ことがわかるだろう。

　数式で書けば，この場合の電流は電圧の変化率（微分）に比例するので，

　　電流
　　＝電気容量 C ×電圧の微分

となる。C は比例係数であり，このコンデンサの性能をあらわす定数だ。位置の微分である速度の位相が，位置に対して $\frac{\pi}{2}$ だけ先行するのと同様に，**電圧の微分である電流も，電圧に対して $\frac{\pi}{2}$ だけ先行する。**電圧が式⑮であらわされるときは，コンデンサに流れこむ電流 I_C は，

$$I_C = \omega C V_0 \cos \omega t$$
$$= \omega C V_0 \sin \left(\omega t + \frac{\pi}{2} \right)$$
$$\cdots\cdots ⑰$$

となる。

コイル

　前ページ図Icは，電源に「コイル」をつけた回路である。コイルとは導線を何回も巻いたも

のだが，その抵抗 R は非常に小さく，無視できると考える。したがって，一定の電流が流れていても，$V = IR$ という電位の降下はない。しかし，コイルには磁場が発生しており，電流の変化にともなって磁場が変化すると，その変化にブレーキをかける方向に「誘導起電力」というものが発生する（ファラデーの電磁誘導の法則）。そして，前ページ図Icの回路では，その誘導起電力が交流電源の電圧とバランスする。つまり，コンデンサとは逆に，電流の微分が電圧に比例する。式で書けば，

　　電圧
　　＝インダクタンス L
　　　　×電流の微分　　　⋯⋯⑱

となる。L は比例係数であり，このコイルの性能をあらわす定数で，「インダクタンス」という。位置の微分である速度の位相が，位置に対して $\frac{\pi}{2}$ だけ先行するのと同様に，電流の微分で

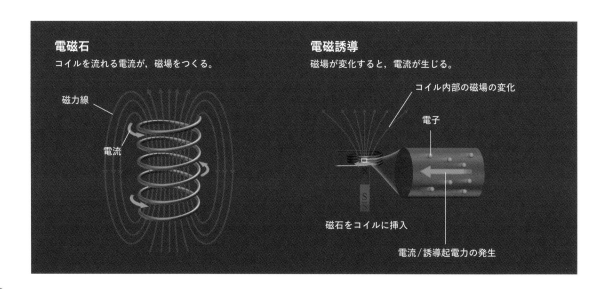

電磁石
コイルを流れる電流が，磁場をつくる。

磁力線

電流

電磁誘導
磁場が変化すると，電流が生じる。

コイル内部の磁場の変化

電子

磁石をコイルに挿入

電流／誘導起電力の発生

ある電圧は電流に対して$\frac{\pi}{2}$だけ先行する。つまり、**電流からみれば、電圧に対して$\frac{\pi}{2}$だけ遅れる**（前ページ図Jc）。電圧が式⑮であらわされるとき、コイルに流れる電流I_Lは、

$$I_L = -\frac{V_0}{\omega L}\cos\omega t$$
$$= \frac{V_0}{\omega L}\sin\left(\omega t - \frac{\pi}{2}\right)$$
$$\cdots\cdots ⑲$$

となる。⑱から⑲が成り立っていることを、確かめてみてほしい。

並列接続

以上の話の発展として、二つの素子を並列につないだ場合を考えてみよう（下図K）。たとえば抵抗とコンデンサを、⑮であらわされる電源につないだとする（図Ka）。流れる全電流Iは、それぞれの素子を流れる電流（I_RとI_C）の合計であり、⑯と⑰を合成すれば得られる。合成は、対応する円運動の合成（図E）を考えれば可能だ。ただし、ここでは図Eのθ_0は$\pm\frac{\pi}{2}$であ

り、図Eの$\theta_0{}'$が、図Kaのθ_0になる。

同様に、抵抗とコイルを並列につなげた場合は、⑯と⑲の合成（図Kb）、コイルとコンデンサを並列につなげた場合は、⑰と⑲の合成（図Kc）になる。

もし、

$$\omega L = \frac{1}{\omega C}$$

すなわち、

$$\omega^2 = \frac{1}{LC} \qquad \cdots\cdots ⑳$$

という条件が成り立っていると

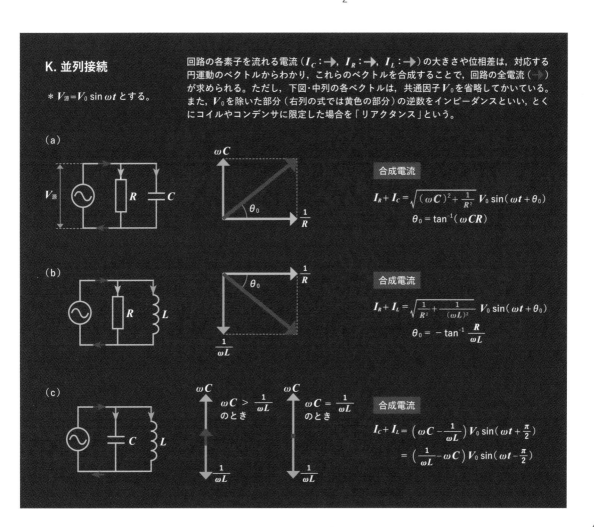

K. 並列接続

* $V_{源} = V_0\sin\omega t$ とする。

回路の各素子を流れる電流（I_C: →、I_R: →、I_L: →）の大きさや位相差は、対応する円運動のベクトルからわかり、これらのベクトルを合成することで、回路の全電流（→）が求められる。ただし、下図・中列の各ベクトルは、共通因子V_0を省略してかいている。また、V_0を除いた部分（右列の式では黄色の部分）の逆数をインピーダンスといい、とくにコイルやコンデンサに限定した場合を「リアクタンス」という。

(a)

合成電流
$$I_R + I_C = \sqrt{(\omega C)^2 + \frac{1}{R^2}}\,V_0\sin(\omega t + \theta_0)$$
$$\theta_0 = \tan^{-1}(\omega CR)$$

(b)

合成電流
$$I_R + I_L = \sqrt{\frac{1}{R^2} + \frac{1}{(\omega L)^2}}\,V_0\sin(\omega t + \theta_0)$$
$$\theta_0 = -\tan^{-1}\frac{R}{\omega L}$$

(c)

$\omega C > \frac{1}{\omega L}$ のとき

$\omega C = \frac{1}{\omega L}$ のとき

合成電流
$$I_C + I_L = \left(\omega C - \frac{1}{\omega L}\right)V_0\sin\left(\omega t + \frac{\pi}{2}\right)$$
$$= \left(\frac{1}{\omega L} - \omega C\right)V_0\sin\left(\omega t - \frac{\pi}{2}\right)$$

すると，コイルとコンデンサの並列回路に流れる全電流が0になってしまうことに注意してほしい。<u>つまり，ω（オメガ）がこの特別の値のとき，電源をつないでも電流が流れないのだ。</u>なぜ，このようなことがおこるのだろうか。その理由は，直列接続の説明をしてからにしよう。

直列接続

ここで，二つの素子を直列につないだ場合を考える。並列の場合は，まず電圧をあたえ，それから電流を求めたが，ここでは逆の手順で考える。各時刻で各素子を流れる電流は同じなので，それを $I = I_0 \sin \omega t$ とする。そのときの各素子の電圧は，⑯〜⑲を逆に考え，

$$V_R = R I_0 \sin \omega t$$
$$V_C = \frac{I_0}{\omega C} \sin\left(\omega t - \frac{\pi}{2}\right)$$
$$V_L = \omega L I_0 \sin\left(\omega t + \frac{\pi}{2}\right)$$

となる。全電圧はこれを合成すればよく，それによって全電圧（電源電圧に等しい）と電流の関係が得られる。それを，下図Lにまとめた。ここでは，θ_0 とは，電流に対する電圧の位相の進みである（並列の場合の θ_0 は，電圧に対する電流の位相の進みだった）。

3種の素子すべてがある場合も同様に計算でき，結果は図Lの最後のようになる。少し複雑だが，高校物理の本にも載っている有名な式である。

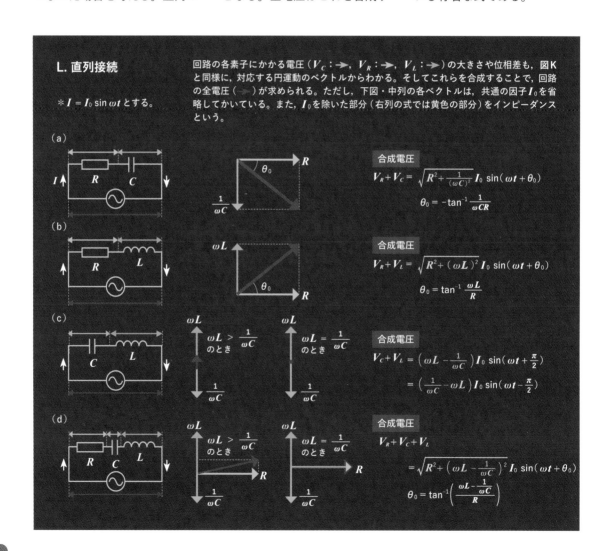

L. 直列接続

* $I = I_0 \sin \omega t$ とする。

回路の各素子にかかる電圧（$V_C: \rightarrow$，$V_R: \rightarrow$，$V_L: \rightarrow$）の大きさや位相差も，図Kと同様に，対応する円運動のベクトルからわかる。そしてこれらを合成することで，回路の全電圧（$\rightarrow$）が求められる。ただし，下図・中列の各ベクトルは，共通の因子 I_0 を省略してかいている。また，I_0 を除いた部分（右列の式では黄色の部分）をインピーダンスという。

(a)

合成電圧
$$V_R + V_C = \sqrt{R^2 + \frac{1}{(\omega C)^2}}\, I_0 \sin(\omega t + \theta_0)$$
$$\theta_0 = -\tan^{-1}\frac{1}{\omega C R}$$

(b)

合成電圧
$$V_R + V_L = \sqrt{R^2 + (\omega L)^2}\, I_0 \sin(\omega t + \theta_0)$$
$$\theta_0 = \tan^{-1}\frac{\omega L}{R}$$

(c)

$\omega L > \dfrac{1}{\omega C}$ のとき

$\omega L = \dfrac{1}{\omega C}$ のとき

合成電圧
$$V_C + V_L = \left(\omega L - \frac{1}{\omega C}\right) I_0 \sin\left(\omega t + \frac{\pi}{2}\right)$$
$$= \left(\frac{1}{\omega C} - \omega L\right) I_0 \sin\left(\omega t - \frac{\pi}{2}\right)$$

(d)

$\omega L > \dfrac{1}{\omega C}$ のとき

$\omega L = \dfrac{1}{\omega C}$ のとき

合成電圧
$$V_R + V_C + V_L$$
$$= \sqrt{R^2 + \left(\omega L - \frac{1}{\omega C}\right)^2}\, I_0 \sin(\omega t + \theta_0)$$
$$\theta_0 = \tan^{-1}\left(\frac{\omega L - \frac{1}{\omega C}}{R}\right)$$

共振

最後に，⑳が成り立っているときの話をしよう。この条件が満たされているときのωを，「共振（角）周波数」という。これを，ω_0と書くことにする。

$\omega = \omega_0$のとき，CとLの直列回路の場合（図Lc）は，電圧＝0になる。つまり，電源電圧がなくても，回路には$\omega = \omega_0$で振動する電流が存在できるということだ。実際には，回路には抵抗があるので，この振動は減衰するが[3]，**抵抗がない理想的な状況では，永久に振動がつづく**。これは抵抗や摩擦がなけれ

ば，ある特定の振動数で永久に振動しつづける，ばねや振り子と同様の現象である。

並列回路では，（共振周波数で）電流が流れなくなるという話をした。その理由も，前述の永久振動によって説明できる。この並列回路と電源の間には電流が流れないが，並列回路の内部では，コンデンサとコイルの間に永久振動する電流がまわっている。**これによる電圧が電源電圧とつり合い，電源と回路の間に電流が流れなくなるのだ。**

共振は特殊な振動数でおこる現象だが，その特殊性を使って特定の周波数をもつ信号（電波

など）を取りだすなど，社会や私たちの生活の中でさまざまな応用がなされている。

※3：図Lの最後の式でみられるように，抵抗があれば，振動しつづけるために必要な電圧は，小さくはなるものの，完全に0にはならない。

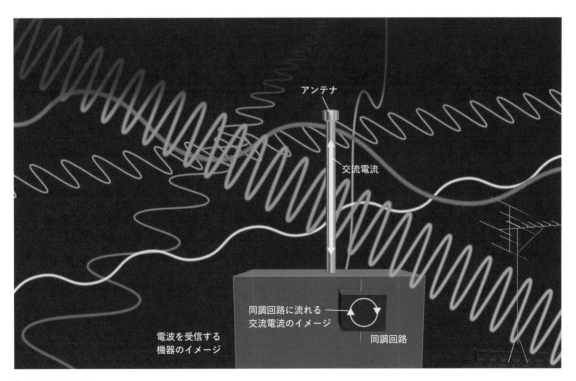

アンテナ
交流電流
同調回路に流れる交流電流のイメージ
同調回路
電波を受信する機器のイメージ

無線機器と共振

携帯電話，テレビ，ラジオなどは，電波によって生じた交流電流と，受信機内部の回路（同調回路）との共振によって，目的の"せまい範囲の振動数の電波"のみを受信している。たとえばテレビやラジオでチャンネルをかえるときには，同調回路の固有周期を変化させることで，受信する電波を切り替えている。

直角三角形の辺の比から角度を求める「逆三角関数」

二つの変数 x, y について, x の値を決めると, それに応じて y の値がただ一つに定まるとき,「y は x の関数である」という。これに対し,「逆関数」とは, x と y を交換し, y の値からそれに対応する x の値を求める関数のことである。逆関数は, 関数 $f(x)$ に対し, $f^{-1}(x)$ と書く。

たとえば, $y = 2x - 5$ という関数があった場合, $x = \frac{y+5}{2}$ なので, x と y を交換すると, $y = \frac{x+5}{2}$ となる。つまり $f(x) = 2x - 5$ の逆関数は, $f^{-1}(x) = \frac{x+5}{2}$ となる。

このように, 逆関数は x と y を交換しているので, 関数 $f(x)$ と逆関数 $f^{-1}(x)$ のグラフは, 直線 $y = x$ に関して対称になる。

三角関数の逆関数とは

では, 三角関数の逆関数は, どのように定義すればよいだろうか。y を一つ決めたとき, 下図**A**のように $y = \sin x$ を満たす x は複数ある。そこで, 三角関数では, x と y が1対1の関係になるように, x の取りうる範囲（定義域）を制限することで, 逆関数を定義していく。

たとえば, 定義域を $-\frac{\pi}{2} \leq x \leq \frac{\pi}{2}$ に制限することで, $y = \sin x$ は, x と y が1対1の対応になるので, 逆関数をきちんと定義することができる。この逆関数のことを, $y = \text{Arcsin}\, x$ や $y = \sin^{-1} x$ とかく。

同様に, $y = \cos x$ の定義域を $0 \leq x \leq \pi$ に制限したものの逆関数を, $y = \text{Arccos}\, x$ や $y = \cos^{-1} x$, $y = \tan x$ の定義域を $-\frac{\pi}{2} \leq x \leq \frac{\pi}{2}$ に制限したものの逆関数を, $y = \text{Arctan}\, x$ や $y = \tan^{-1} x$ とかく。

これらを,「逆三角関数」という。それぞれのグラフ（右ページ**B**）は, 直線 $y = x$ に関して, 元の三角関数と対称になる。ちなみに, "Arc" という接頭辞は「弧」のことだ。

三角関数は角度から直角三角形の辺の比を求める関数だが, 逆三角関数は, 辺の比から角度を求める関数ということができる。したがって, 直角三角形の辺の長さがわかっているときに, 残りの二つの角度を決定するのに役立つ。具体的には,

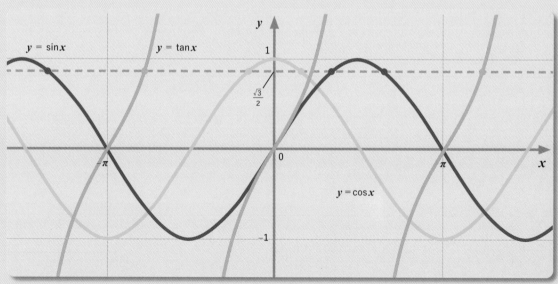

A. 三角関数の場合, たとえば $y = \frac{\sqrt{3}}{2}$ を満たす x は複数ある。

$\theta = \text{Arcsin} \dfrac{\text{対辺}}{\text{斜辺}}$

$\theta = \text{Arccos} \dfrac{\text{隣辺}}{\text{斜辺}}$

$\theta = \text{Arctan} \dfrac{\text{対辺}}{\text{隣辺}}$

である。

逆三角関数を微分する

　では次に，逆三角関数の微分を求めてみよう。

　今，$y = \text{Arcsin}\,x$ の微分，$y'\left(= \dfrac{dy}{dx}\right)$ を考える。このとき，$x = \sin y$ が成り立つ。この式の

両辺を y で微分すると，

$$\frac{dx}{dy} = \frac{d}{dy} \sin y \quad \cdots\cdots ①$$

となる。103ページでみたように，

$$\frac{d}{dy} \sin y = (\sin y)' = \cos y$$

の関係があるので，これを①に代入して，

$$\frac{dx}{dy} = \cos y \quad \cdots\cdots ②$$

となる。ここで，$\sin y^2 + \cos y^2 = 1$，また $-\dfrac{\pi}{2} \leqq y \leqq \dfrac{\pi}{2}$ より，$\cos y \geqq 0$ なので，

$$\cos y = \sqrt{1 - \sin^2 y} = \sqrt{1 - x^2}$$
$$\cdots\cdots ③$$

となる。②③より，

$$\frac{dx}{dy} = \sqrt{1 - x^2}$$

となる。したがって，

$$y' = \frac{dy}{dx} = \frac{1}{\frac{dx}{dy}} = \frac{1}{\sqrt{1-x^2}}$$

が求められた。

　同様に，$y = \text{Arccos}\,x$ や $y = \text{Arctan}\,x$ の微分も求められる。まとめると，下のようになる。

$y = \cos^{-1}x$
$y = x$
$y = \sin^{-1}x$
$y = \tan^{-1}x$

π
$-\dfrac{\pi}{2}$
-1　0　1

$y = \text{Arcsin}\,x$ のとき，$y' = \dfrac{1}{\sqrt{1-x^2}}$

$y = \text{Arccos}\,x$ のとき，$y' = \dfrac{-1}{\sqrt{1-x^2}}$

$y = \text{Arctan}\,x$ のとき，$y' = \dfrac{1}{1+x^2}$

B. 三角関数の逆関数のグラフをえがいた。このように定義域を制限することで，x と y が1対1の関係になる。

5 章

三角関数と
フーリエ解析

協力　竹内 淳／平松正顕／三谷政昭／山岸順一

執筆　梶原浩一（146 ～ 147ページ）／前田京剛（150 ～ 157ページ）／
　　　三谷政昭（158 ～ 165ページ）

　音声分析からデジタル画像のデータ圧縮技術まで，理工学の幅広い分野を支えているのが「フーリエ解析」である。フーリエ解析とは，三角関数を基礎とする数学的なテクニックを駆使して，さまざまな波や信号を解析する手法だ。"役立つ数学"の代表選手ともいえるフーリエ解析に，本章ではせまっていく。

5

人の声や楽器の音は「波」であらわせる

大きな書店の理工書コーナーに行くと、「フーリエ解析」と書かれた本がずらりと並んでいることに気づくはずだ。また科学や工学分野の話題には、フーリエ解析に加え「フーリエ級数展開」や「フーリエ変換」というワードがしばしば登場する。これらはいったい何なのだろうか。

これらの正体にせまる前に、まずは私たちの「声」に注目してみよう。

私たちは声を出すとき、のどの「声帯」をふるわせて、空気を振動させる。その空気の振動は空間を伝わり、相手の耳の中にある「鼓膜」をふるわせる。鼓膜の振動は、耳の奥で電気信号に変換され、脳に届けられる。これにより、相手（人）は声を音として認識する（＝聞こえる）。

空気が振動すると、空気の密度が高くなったり低くなったりする。横軸を時間、縦軸を密度とすれば、空気の振動は「波」としてあらわすことができる。たとえば右ページ下の図のよう

「音」は空気の密度の波

スピーカーに電圧をかけると、その電圧の変化の波が、「振動板」という部品の振動へと変換される。振動板が前に動くと、その前方にある空気の密度が高まり、うしろに動くと空気の密度が低くなる。このくりかえしによって発生した空気の振動の波が、「音」として伝わっていく。

に,「こんにちは」という音声は, とても複雑な波の形をしている。

複雑な波の形をしているのは, 人の声だけではない。ピアノやバイオリンなどの楽器の音も, それぞれに特有の形をもつ複雑な波だ。これは反対にいえば, ピアノの音がもつ波の形を忠実に再現するように空気を振動させれば, 私たちには「ピアノの音」として聞こえることになる。これを実現する装置が,「スピーカー」である。

複雑な波を単純な波に "分解" する

小さな音にくらべ, 大きな音では, 波の山の高さや谷の深さが大きくなる。では, 音の高低は, 波の形のどの部分にあらわれるのだろうか。

一般的に, 男性の声にくらべ, 女性の声のほうが高く聞こえる。しかし男女の声がつくる波の形を見くらべても, ちがいは不明瞭だ。そこで役立つのが, 冒頭で登場したフーリエ解析である。フーリエ解析を使えば, **複雑な波を単純な波に "分解" し, さまざまな音の情報を取りだすことができるのだ。**

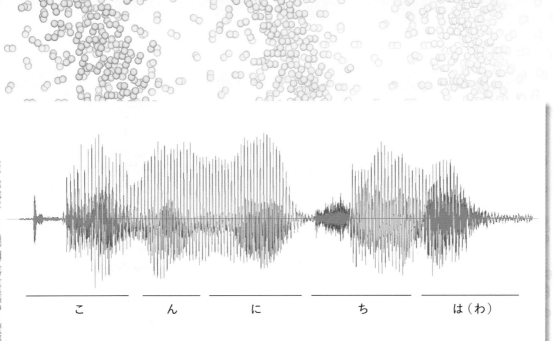

こ　　ん　　に　　ち　　は（わ）

「こんにちは」という声を, 波であらわすと?

成人男性の「こんにちは」という声を音の波としてあらわすと, 上のように複雑な形があらわれる。なお, 横軸は時間で, 縦軸は空気の密度を示している。波の山の高さや谷の深さ（振幅）は音の大きさをあらわしているが, 音の高さ（周波数）をこの波の形から読み取ることは困難だ。

単純な波を足しあわせれば
どんな複雑な波でもつくれる

　単純な形の波である「サイン波」では，音の大きさは「山の高さ（谷の深さ）」として，音の高さは「周波数」としてあらわれる。しかし人の声のような複雑な波では，そうした特徴を読み取ることはできない。

　ここで，ある重要な波の性質が役に立つ。それは，「単純な波を足しあわせれば，どんな複雑な波でもつくれる」というものだ。"単純な波を足しあわせる"とは，どういうことだろうか。実際に，さまざまな周波数をもつサイン波を用意して，それらを足しあわせてみよう。

　$y = \sin x$ であらわされるサイン波は，下図①の形をしている。$y = \sin 2x$ であらわされるサイン波は②の形をしており，周波数は①の2倍だ。そして，$y = \sin 3x$ であらわされるサイン波は③で，周波数は①の3倍である。

　これらの三つのサイン波を足しあわせたのが，④の波だ。波の形を見ると，①〜③のサイン

サイン波を足しあわせると？

「波を足しあわせる」とは，それぞれの波を関数であらわし，それらの関数を足しあわせることをいう。図は，三つのサイン波 ①〜③を足しあわせると，複雑な形の波である④になるようすをえがいている。

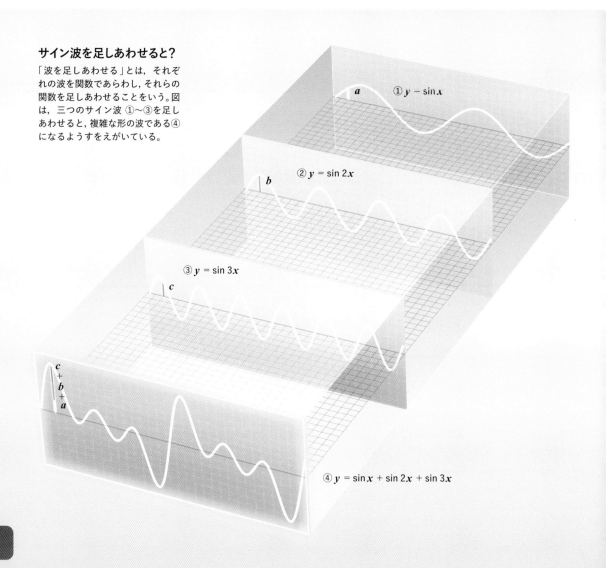

① $y = \sin x$

② $y = \sin 2x$

③ $y = \sin 3x$

④ $y = \sin x + \sin 2x + \sin 3x$

波よりも複雑になっていることがわかるだろう。この波にさらに別のサイン波を足しあわせていけば，より複雑な波をつくることも可能だ。

たとえば，下に示した「四角い波」も，サイン波の足しあわせだけであらわすことができる。また，サイン波だけでなくコサイン波も，足しあわせていけばどんな形の波でもあらわすことができる（反対に，どんな波よりも複雑な波でも，単純な波に分解できるともいえる）。

このことは，さまざまな長さの「音叉（おんさ）」を並べてそれらを同時に鳴らせば，理論的にはどんな人の声でも，またどんな楽器の音でも再現できることを意味している。このことをはじめて明確に述べたのが，フランスの数学者であり物理学者であるジョゼフ・フーリエ（1768～1830）である。

音叉（↑）

ピアノの調律（ちょうりつ）などに用いられる鋼鉄製の音響機器。たたくと振動し，純音（じゅんおん：正弦波の音）を発生させる。

$$f(x) = \left(\frac{4}{\pi}\right)\left\{ \sin x + \frac{1}{3}\sin 3x + \frac{1}{5}\sin 5x + \frac{1}{7}\sin 7x + \frac{1}{9}\sin 9x + \cdots + \frac{1}{2m-1}\sin(2m-1)x + \cdots \right\}$$

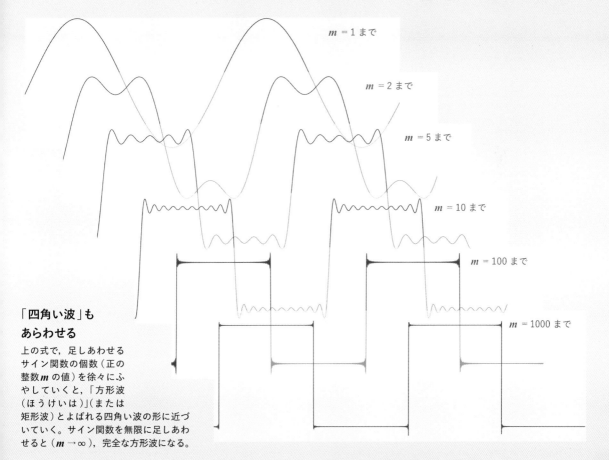

$m = 1$ まで

$m = 2$ まで

$m = 5$ まで

$m = 10$ まで

$m = 100$ まで

$m = 1000$ まで

「四角い波」もあらわせる

上の式で，足しあわせるサイン関数の個数（正の整数 m の値）を徐々にふやしていくと，「方形波（ほうけいは）」（または矩形波）とよばれる四角い波の形に近づいていく。サイン関数を無限に足しあわせると（$m \to \infty$），完全な方形波になる。

ナポレオンのフランス軍遠征に帯同したフーリエ

ジョゼフ・フーリエは, フランスのオセールという街で生まれた。幼くして両親を亡くし孤児(こじ)となったが, 早くから数学の才能を示したという。

フーリエが21歳の1789年, フランス革命がおきたことで国内は混乱した。その混乱をしずめたのが, のちに皇帝となるナポレオン・ボナパルト (1769 ~ 1821) である。同年にはじまったフランス軍のエジプト遠征に, ナポレオンは科学者たちを帯同(たいどう)させた。その一人が, 高等理工科学校 (エコール・ポリテクニク) の教員となっていたフーリエであった。

フランス軍は1799年, ナイル川河口付近のロゼッタという街で, <u>古代エジプトの象形(しょうけい)文字「ヒエログリフ」とギリシャ語が刻まれた岩を発見した。</u>これが, 広く知られる「ロゼッタ・ストーン」である。フーリエを含む科学者たちは, ロゼッタ・ストーンの写しをフランスに持ち帰った。

帰国後, フーリエはナポレオンに行政手腕を評価され, 県知事に任命された。県知事時代のある日, フーリエはジャン＝フランソワ・シャンポリオン (1790 ~ 1832) という少年にロゼッタ・ストーンの写しを見せたという。シャンポリオンはその後考古学者となり, 20年をかけて, 実際に解読を成功させている（→次節につづく）。

ロゼッタ・ストーン （→）

フランス軍によって発見されたあと, エジプトに進出しフランス軍を破ったイギリス (軍) の手に渡った。現在は大英博物館に収められている。ロゼッタストーンはもともと, 紀元前の古代エジプトの神殿の一部である。そこに刻まれたヒエログリフは, シャンポリオンらによって, 1822年に解読された。

ナポレオン

ロゼッタ・ストーン

フーリエが明らかにした「フーリエ級数」

県知事の仕事のかたわら，フーリエは数学や物理学の研究をつづけた。フーリエが熱心に取り組んだのは，蒸気機関の登場により，当時の科学者たちの重要な課題となっていた「熱伝導」の研究である。金属の棒の一点を熱すると，熱は時間とともに棒の中を伝わっていく。

フーリエは，熱の伝導をあらわす数式を数学的に研究するなかで[※]，重要な発見にたどりついた。それは，**どんな関数でも，さまざまなサインとコサインを無限に足しあわせた式としてあらわせるというものだ**。その，サインとコサインを無限に足しあわせた式は，今では「フーリエ級数（きゅうすう）」とよばれている。級数とは，一定の規則をもって変化する数の列（数列）を，無限に足しあわせたものをさす。

右に示したのは，フーリエ級数をあらわす数式である。フーリエは，関数 $f(x)$ がどんな関数であっても，フーリエ級数として書くことができると主張した。125 ページで紹介した方形波（ほうけいは）をつくる数式も，フーリエ級数の例である。

その後，ドイツの数学者ペーター・グスタフ・ディリクレ（1805 ～ 1859）によって，フーリエ級数であらわせる関数の条件が明らかにされている。

※：フーリエ以前には，こうした熱の伝導のようすをあらわす数式は知られていなかった。

フーリエ級数

フーリエ級数は，さまざまな周波数をもつサインとコサインを無限に足しあわせたものだ。それぞれの sin や cos を何倍するかを示す「フーリエ係数（けいすう）」（数式中の a_1 や b_1 など）は，右ページ下の計算によって求めることができる。

$f(x)$

$$= \frac{a_0}{2} + a_1 \cos x + a_2 \cos 2x$$

$$+ a_3 \cos 3x + \cdots$$

$$+ b_1 \sin x + b_2 \sin 2x$$

$$+ b_3 \sin 3x + \cdots$$

フーリエ
熱伝導を研究したフーリエ
は，地球の大気によって気温
が高く保たれる「温室効果」
をはじめて論じたことでも知
られている（ただし温室効果
とよんだのは，フーリエでは
なくイギリスの科学者ジョ
ン・ティンダル）。

フーリエ係数を求める数式

$$a_n = \frac{1}{\pi} \int_0^{2\pi} f(x) \cos(nx)\, dx$$

$$b_n = \frac{1}{\pi} \int_0^{2\pi} f(x) \sin(nx)\, dx$$

複雑な波を単純な波に分解する「フーリエ変換」

声や楽器の音がつくる「複雑な波」は，数学では「ある関数のグラフ」とみなせる。そしてフーリエは，あらゆる関数はさまざまなサインとコサインを無限に足しあわせた式，すなわちフーリエ級数の形であらわせることに気づいた。

ある関数を，フーリエ級数の形であらわすことを「フーリエ級数展開」とよぶ。つまり，音がつくる「複雑な波」を関数と

みなし，その関数をフーリエ級数展開すれば，「単純な波」であるサイン波とコサイン波へと分解できるのだ。単純な波に分解してしまえば，声や楽器の音の特徴を分析することができる。

そのためには，どの周波数のサイン波とコサイン波が，どれだけ含まれているかを求める，

すなわちフーリエ係数（前節参照）を計算で求める必要がある。これを「フーリエ変換」とよぶ。

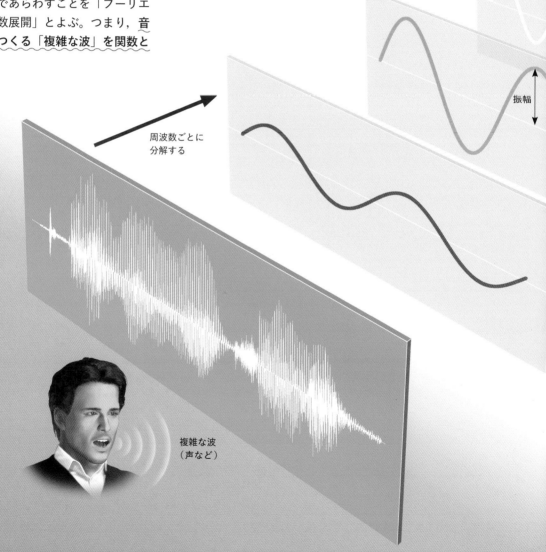

振幅

周波数ごとに
分解する

複雑な波
（声など）

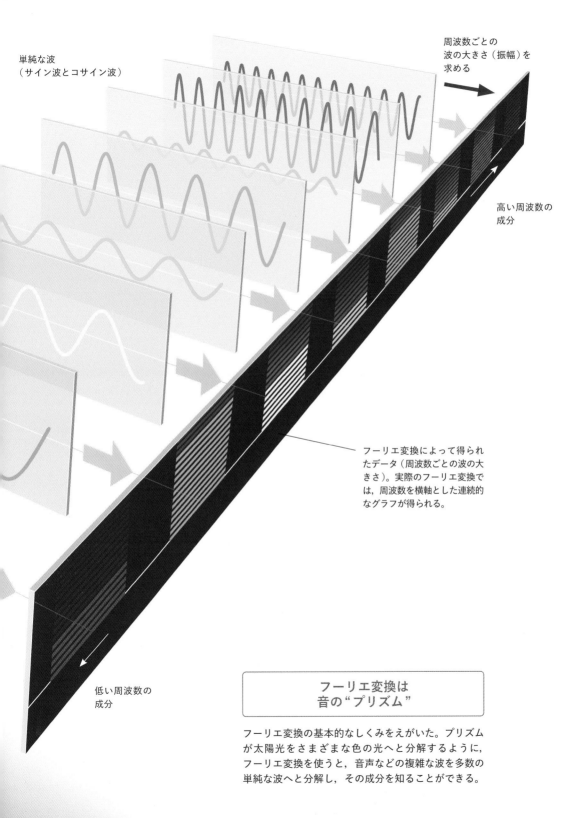

単純な波
（サイン波とコサイン波）

周波数ごとの
波の大きさ（振幅）を
求める

高い周波数の
成分

フーリエ変換によって得られ
たデータ（周波数ごとの波の大
きさ）。実際のフーリエ変換で
は，周波数を横軸とした連続的
なグラフが得られる。

低い周波数の
成分

フーリエ変換は
音の"プリズム"

フーリエ変換の基本的なしくみをえがいた。プリズム
が太陽光をさまざまな色の光へと分解するように，
フーリエ変換を使うと，音声などの複雑な波を多数の
単純な波へと分解し，その成分を知ることができる。

フーリエ係数がわかれば
周波数ごとの成分がわかる

「複雑な波※」のフーリエ係数を具体的に求める数学上の操作が「フーリエ変換」であると,前節で述べた(具体的な計算方法は右ページ上)。

フーリエ変換によってフーリエ係数がわかると,元の複雑な波に,どの周波数のサイン波とコサイン波がどれだけ含まれるか(これを周波数成分という)が具体的にわかる。たとえば,オーディオ機器や音楽プレーヤーのアプリには,それぞれの高さの音の"まざりぐあい"をグラフィカルに表示するものがある。「グラフィック・イコライザ」などとよばれるこのしくみは,まさにフーリエ変換で得られた周波数成分をビジュアル化しているものだ。

また,フーリエ変換とは逆に,周波数成分から波をつくりだす計算を「逆フーリエ変換」とよぶ。たとえば,周囲の騒音と反対(符号が反転)の波をつくりだすことができれば,騒音を低減させることができる。これを利用したのが,「ノイズキャンセリング・ヘッドホン」である。

フーリエ変換は,ここであげ

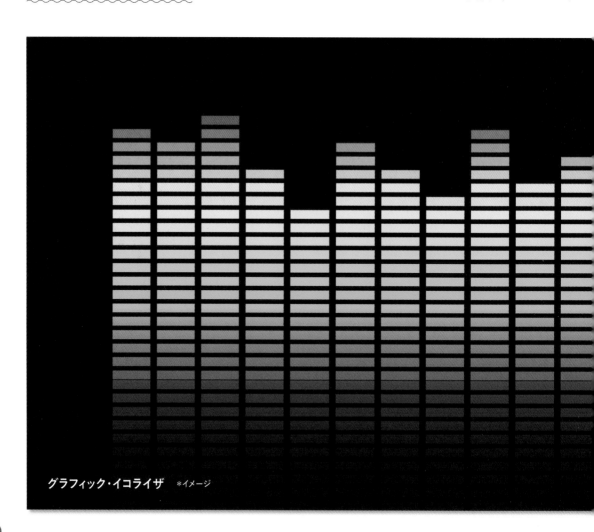

グラフィック・イコライザ *イメージ

た例以外でも，私たちの暮らしを陰で支えている。138ページからはそれらについて，よりくわしく紹介・解説していくことにしよう。

※：ここでいう複雑な波とは，基準となる波形をくりかえす周期的な波だけでなく，単一のパルス（一つの山だけからなる波）などの周期的ではない波も含む。

「フーリエ変換」をあらわす数式

$$F(k) = \frac{1}{\sqrt{2\pi}} \int_{-\infty}^{\infty} f(x) e^{-ikx} dx$$

「逆フーリエ変換」をあらわす数式

$$f(x) = \frac{1}{\sqrt{2\pi}} \int_{-\infty}^{\infty} F(k) e^{ikx} dk$$

$F(k)$ は，関数 $f(x)$ をフーリエ変換してできる関数である。e は自然対数の底（しぜんたいすうのてい）とよばれる定数で，i は虚数（きょすう）単位だ。「オイラーの公式」（→170ページ）を使うと，左上の数式の e^{-ikx} は，$e^{-ikx} = \cos kx - i \sin kx$ とあらわせる。

（←）
ノイズキャンセリング・ヘッドホン

フーリエ変換を応用した電器機器

ノイズキャンセリング・ヘッドホンは，周囲の騒音（ノイズ）をヘッドホン自体が判別し，騒音とは反対の波形をもつ信号を瞬時に発生させることで，耳に届く騒音を低減（キャンセル）させる。

またスマートスピーカーは，フーリエ変換した波のデータを分析することで，音声を認識している。

スマートスピーカー

三角関数の直交性が
フーリエ変換を生んだ

フーリエ変換は，三角関数がもつ不思議な性質である「三角関数の直交性(ちょっこうせい)」から生まれる。そもそも，「(二つの) 関数が直交する」とはどういうことだろうか。これは，「一方の関数に，もう一方の関数の"成分"がまったく含まれないこと」だと定義される。そして，この"成分"がどの程度含まれるかを確かめる方法は，「二つの関数を掛けあわせて積分(せきぶん)する」ことであることが知られている。

積分とは，簡単にいえば面積を求めることだ。そして成分がまったく含まれない，つまり積分の結果が「0」になった場合，二つの関数は「直交」しているということができる。

では，実際に三角関数どうしを掛けあわせて積分してみよう。右に，$y = \sin x$ と，さまざまな三角関数を掛けあわせて積分を行った結果を示した。三角関数は，0から2πまでで一周期となるので，0から2πの範囲に区切って，積分の値を求めることにしよう。

右図を見るとわかるように，$y = \sin x$ は，$y = \sin x$ との掛けあわせ以外では，すべて，プラスの面積とマイナスの面積が同じだけあるため，結果として面積は「0」となる。くわしい証明はここでははぶくが，三角関数は，自分以外のどんなサイン関数およびコサイン関数を掛けあ

わせて積分しても，その結果は必ず「0」となる，つまり直交しているということができる。

ベクトルの「内積」と直交性

関数と関数の関係性に，なぜ「直交性」という言葉が使われるのだろうか。このことは，「ベクトル」の考え方から理解することができる。ベクトルとは，簡単にいえば，矢印であらわすことのできる「向きと大きさをもった量」のことだ。

136ページの**A**を見てほしい。座標平面上に点A$(2, 0)$と点B$(1, \sqrt{3})$を置く。原点O$(0, 0)$から点Aへと至るベクトルOAを$\vec{a}$とあらわしたとき，「$\vec{a}$は$(2, 0)$の成分をもつ」という。同様に，原点Oから点Bへと至るベクトルOBを$\vec{b}$とあらわしたとき，その成分は$(1, \sqrt{3})$と

なる。

$\vec{a}$と$\vec{b}$がどのような関係に

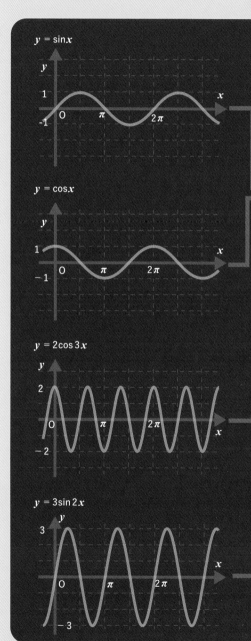

$y = \sin x$

$y = \cos x$

$y = 2\cos 3x$

$y = 3\sin 2x$

●三角関数と直交性（↓）

$y = \sin x$ を例にとり，三角関数の直交性の一例を図であらわした。三角関数の直交性は，二つの三角関数を掛けあわせたあと，0から2πの範囲で積分することで調べられる。

あるのかを調べる方法がある。この方法は「内積（ないせき）」とよばれる。

内積とは，$\vec{a}$ の長さを$|\vec{a}|$，$\vec{b}$ の長さを$|\vec{b}|$，$\angle$AOB の大きさ

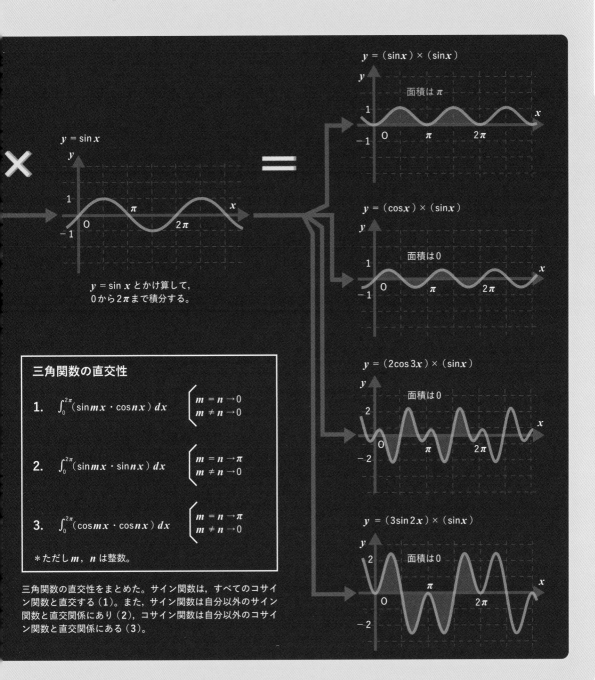

$y = \sin x$

$y = \sin x$ とかけ算して，0から2πまで積分する。

$y = (\sin x) \times (\sin x)$

面積は π

$y = (\cos x) \times (\sin x)$

面積は 0

$y = (2\cos 3x) \times (\sin x)$

面積は 0

$y = (3\sin 2x) \times (\sin x)$

面積は 0

三角関数の直交性

1. $\displaystyle\int_0^{2\pi} (\sin mx \cdot \cos nx)\, dx$ 　$\begin{cases} m = n \to 0 \\ m \neq n \to 0 \end{cases}$

2. $\displaystyle\int_0^{2\pi} (\sin mx \cdot \sin nx)\, dx$ 　$\begin{cases} m = n \to \pi \\ m \neq n \to 0 \end{cases}$

3. $\displaystyle\int_0^{2\pi} (\cos mx \cdot \cos nx)\, dx$ 　$\begin{cases} m = n \to \pi \\ m \neq n \to 0 \end{cases}$

＊ただしm，n は整数。

三角関数の直交性をまとめた。サイン関数は，すべてのコサイン関数と直交する（1）。また，サイン関数は自分以外のサイン関数と直交関係にあり（2），コサイン関数は自分以外のコサイン関数と直交関係にある（3）。

をθとしたとき，$|\vec{a}||\vec{b}|\cos\theta$で求められる。また，このことは「$\vec{a}\cdot\vec{b}$」とあらわされる。Aの場合，$|\vec{a}|=2$，$|\vec{b}|=2$，$\angle AOB=60°$なので，$\cos60°=\frac{1}{2}$より，「$\vec{a}\cdot\vec{b}=2\times2\times\frac{1}{2}=2$」となる。またBの場合は，$\vec{c}=(0,2)$なので，$|\vec{c}|=2$，$\angle AOC=90°$だ。$\cos90°=0$より，「$\vec{a}\cdot\vec{c}=2\times2\times0=0$」となる。

ここでもう一度，Aを見てほしい。$|\vec{b}|\cos\theta$とは，$\vec{a}$へ落ちる$\vec{b}$の"影の長さ"ということ

ができる。このことから，$|\vec{b}|\cos\theta$とは，「$\vec{b}$の中に"$\vec{a}$の成分"がどれだけ含まれているのか」をあらわしているということができる。そして内積の計算結果が0，つまりθが90°だった場合，そのベクトルどうしはおたがいの成分をもたない，つまり"無関係"だといえる。

θが90°のとき，$\vec{a}$と$\vec{c}$はグラフ上で直角に交わっている。このことから，$\vec{a}$と$\vec{c}$の内積が0となった場合，「$\vec{a}$と$\vec{c}$は直交している」と表現する。

ベクトルの内積の考え方を関数へと拡張

さて，内積を求めるには，もう一つの方法がある。各ベクトルのxとyのそれぞれの成分を掛けあわせて足すことで，内積の値を求めることができるのだ。Aの場合，$\vec{a}\cdot\vec{b}=(2\times1+0\times\sqrt{3})=2$となる。そしてBの場合，$\vec{a}\cdot\vec{c}=(2\times0+0\times2)=0$となる。たしかに，最初に求めた内積の値と一致している。

この，「ベクトルの各成分を掛けあわせて足す」という内積の計算を拡張すると，「関数の各成分を掛けあわせて積分する」という計算につながる。これが「関数の内積」だ。関数の内積を計算すると，一方の関数の中に，もう一方の関数の成分がどれだけ含まれているのかを知ることができる。そして，この関数の内積が0になると，関数どうしは"無関係"であるといえる。そのため，ベクトルの「直交」の考え方から言葉を借りて，関数の内積が0となる場合を，「関数が直交する」という。

「基底ベクトル」とサイン関数・コサイン関数

関数が直交していると，どのような性質があらわれるのだろうか。ここでも，ベクトルとの関連性からみていく。

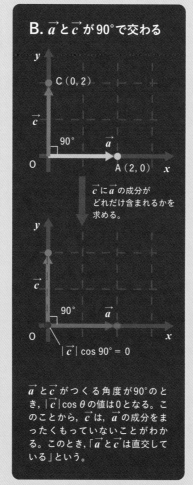

A. $\vec{a}$と$\vec{b}$が60°で交わる

B$(1,\sqrt{3})$

$\vec{b}$

60°

$\vec{a}$

O   A$(2,0)$ x

$\vec{b}$に$\vec{a}$の成分がどれだけ含まれるかを求める。

$\vec{b}$

60°

$\vec{a}$

O x

$|\vec{b}|\cos60°=\frac{|\vec{b}|}{2}$

$\vec{a}$と$\vec{b}$がつくる角度が，60°のときを考える。$\vec{b}$に，$\vec{a}$の成分がどれだけ含まれるかを調べるためには，$|\vec{b}|\cos\theta$を求める。その結果，$\vec{b}$は，$\vec{a}$の成分を$|\vec{b}|$の半分だけもっていることがわかる。

B. $\vec{a}$と$\vec{c}$が90°で交わる

C$(0,2)$

$\vec{c}$

90°

$\vec{a}$

O   A$(2,0)$ x

$\vec{c}$に$\vec{a}$の成分がどれだけ含まれるかを求める。

$\vec{c}$

90°

$\vec{a}$

O x

$|\vec{c}|\cos90°=0$

$\vec{a}$と$\vec{c}$がつくる角度が90°のとき，$|\vec{c}|\cos\theta$の値は0となる。このことから，$\vec{c}$は，$\vec{a}$の成分をまったくもっていないことがわかる。このとき，「$\vec{a}$と$\vec{c}$は直交している」という。

座標平面上に, **C**の左側のグラフのように, 長さが1のベクトル「$\vec{a}$」と「$\vec{b}$」をえがく。$\vec{a}$と$\vec{b}$はそれぞれx軸上とy軸上にあるので,直交関係にある。このとき, 座標平面上にあるすべての点は, $\vec{a}$と$\vec{b}$をそれぞれ適当に何倍かし, 足しあわせることであらわせる。さらに, そのあらわし方はただ一通りに決めることができる。この二つのベクトルを「基底ベクトル」とよぶ。"基底"には, 「ある物事の基準となるもの」という意味がある。

この考え方から, 関数にもこの二つのベクトルのような基準となるものがあれば, それを組み合わせることで, どんな関数でもあらわすことができるのではないかと予想できる。そして, この基準となる関数こそがサイン関数とコサイン関数であり, この考えが「フーリエ変換」の考えにつながる。つまり, ある三角関数が自分自身以外のすべてのサイン関数およびコサイン関数と直交することから, どんな複雑な波（周期関数）であっても, 単純なサイン関数とコサイン関数を適当に何倍かし, 足しあわせることであらわせるというのだ。

このことは, ある周期関数を$f(x)$とすると, **D**のような数式であらわされることを意味する。この式が「フーリエ級数展開」である（130ページ参照）。フーリエ級数展開の式にあらわれるa_0, a_1, a_2, ……, b_1, b_2, ……は, 「フーリエ係数」とよばれる。直交性を利用することで, フーリエ係数は**E**のようにあらわすことができる。

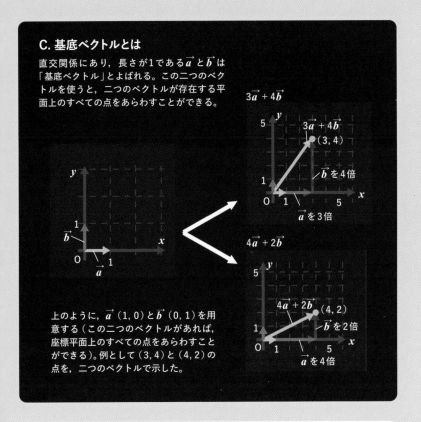

C. 基底ベクトルとは

直交関係にあり, 長さが1である$\vec{a}$と$\vec{b}$は「基底ベクトル」とよばれる。この二つのベクトルを使うと, 二つのベクトルが存在する平面上のすべての点をあらわすことができる。

$3\vec{a} + 4\vec{b}$

$4\vec{a} + 2\vec{b}$

上のように, $\vec{a}$ $(1, 0)$と$\vec{b}$ $(0, 1)$を用意する（この二つのベクトルがあれば, 座標平面上のすべての点をあらわすことができる）。例として $(3, 4)$と$(4, 2)$の点を, 二つのベクトルで示した。

D. フーリエ級数展開

$$f(x) = \frac{a_0}{2} + (a_1\cos x + a_2\cos 2x + \cdots\cdots + a_n\cos nx + \cdots\cdots)$$
$$+ (b_1\sin x + b_2\sin 2x + \cdots\cdots + b_n\sin nx + \cdots\cdots)$$

フーリエ変換　　　　　　　　　　逆フーリエ変換

E. フーリエ係数

$$a_n = \frac{1}{\pi}\int_0^{2\pi} f(x)\cos(nx)\,dx \qquad b_n = \frac{1}{\pi}\int_0^{2\pi} f(x)\sin(nx)\,dx$$

ラジオ・テレビ放送の
土台にある「フーリエ解析」

フーリエ変換を使って元の関数の性質を調べたり，フーリエ変換を応用して波の特徴を分析したりすることを「フーリエ解析」という。

フーリエ解析の身近な応用例が，AMラジオである。AMラジオ受信機のアンテナに電波が届くと，アンテナ内の電圧が複雑に変化する。しかし，アンテナにはさまざまな電波が届いているので，この電圧の波をそのまま音の波にかえても，意味のある音声にはならない。

ラジオを聞くには，**アンテナがとらえた電圧の波を周波数ごとに分解し，ラジオ局が発信する特定の周波数の電波にしぼりこむ必要がある**。この電波に"乗せられた"音声信号の波を取りだして，スピーカーから再生することで，ようやく音声として聞こえるというわけだ（下図）。

AMラジオに限らず，FMラジオや地上デジタル放送などのテレビ放送でも，電波に信号を乗せる方式のちがいはあるが，その基本原理の理解にフーリエ解析が重要である点は共通している。また，携帯電話の通話や，光ファイバを使った情報通信，Wi-Fiなどの無線LANにおいても，フーリエ解析が重要な役割を果たしており，電気や光の信号をあつかう工学分野において，フーリエ解析は基礎中の基礎といえる。

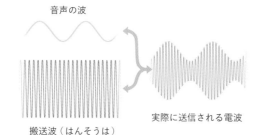

音声の波

搬送波（はんそうは）

実際に送信される電波

AMラジオのしくみ

放送局は音声の波形にあわせて，特定の周波数の電波（搬送波）の振幅をかえて送信する（右向きの矢印）。受信機では，搬送波に乗せられた音声の波の情報を取りだす（左向きの矢印）。

音声認識と音声合成は表裏一体

　最近では，スマートフォンの検索やカーナビゲーションシステムの操作など，電気機器が人間の話し言葉を聞き取る「音声認識技術」が大きく進歩している。また，歌詞やメロディの情報を入力することで，コンピュータに"歌を歌わせる"ことができる「ボーカロイド（VOCALOID）」というソフトウェアも人気だ。このような，コンピュータが人間の声を理解したり真似したりするための技術も，フーリエ解析が支えている。

　本章の冒頭でみたように，人の声は複雑な波の形をしている。これをフーリエ変換し，周波数成分に分解することで，さまざまな情報が得られる。たとえば，日本語の「あ」や「い」などの母音をフーリエ変換して，周波数の強度分布を見くらべると，それぞれの母音に特有のピークが，特定の周波数にあらわれることが知られている。このピークは「フォルマント」とよばれ，あらわれるフォルマントの組み合わせから，その音がどの母音かを読み取ることができる。

　反対に，たとえば「あ」がもつフォルマントの組み合わせを人工的に再現すれば，「あ」と聞こえる人工的な音声を合成することが可能だ。この再現には，フーリエ変換の逆の操作である「逆フーリエ変換」が使われる。これが，ボーカロイドなどの合成音声をつくる基本的なしくみである。

音声の認識や合成に限らず，コンピュータによる情報処理にはフーリエ変換が多く使われる。フーリエ変換には計算時間が多くかかるため，短時間で計算できる「高速フーリエ変換（FFT）」というアルゴリズム（計算方法）が使われる。

＊上の画像はイメージ。

ボーカロイドソフト（→）
「VOCALOID2 初音ミク」

登場以来，高い人気がつづくボーカロイドソフトの一つ。あらかじめ収録した人間の声のデータを，歌声として合成する。2007年に登場した「初音ミク（はつねみく）」は，ソフトとしてだけでなくキャラクターとしても人気を集め，現在ではバーチャル・シンガーとしてライブやグッズ展開を行うなど多方面で活躍し，その人気は世界に拡がっている。

発声のしくみを知ると
音声合成が理解しやすくなる

音声合成を理解するために，本節では「フォルマント」についてくわしく説明しよう。横軸に時間，縦軸に声の振幅をとると，音はA1のような波形になる。この波をフーリエ変換し，縦軸を振幅，横軸を周波数成分とすると，A2に示したようなグラフになる。この，**縦軸に振幅，横軸に周波数をとったグラフを「スペクトル」とよぶ。**

A2のスペクトルからわかることは，「大きなピークとなるところが三つほどある」ということと，「それ以外の部分は細かくぎざぎざしている」ということだ。この大きなピークの部分が，フォルマントである。周波数の小さなものからそれぞれ，「第一フォルマント」「第二フォルマント」「第三フォルマント」とよばれる。

Bには，さまざまな英語の母音がもつフォルマントの分布をあらわした。これらの値をもつ周波数成分を重ねあわせることで，それぞれの母音の音をつくりだすことができるのだ。

声帯と声道がつくる多様な声

ここで，人間の発声方法をみてみよう。肺から吐きだされた

A1. 人の声
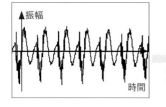

A2. スペクトル
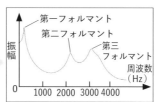

A1の波形は，「い」という声をあらわしている。この波形をフーリエ変換し，横軸に周波数，縦軸に振幅の強度をとると，A2のグラフ（スペクトル）になる。

B. さまざまな母音がもつフォルマント
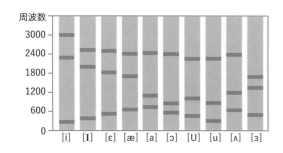

＊ Speech analysis: Synthesis and perception. (2nd ed.).
Flanagan, James L. Oxford, England: Springer-Verlag. より引用した。

英語のさまざまな母音（横軸）がもつ，フォルマントの周波数の値（縦軸）をまとめた。A2でピークが出た場所を，濃いピンク色であらわしている。

C1. 人間の発声のしくみ
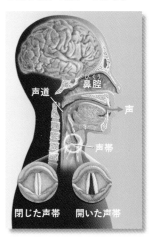

空気は，のどにある「声帯」という筋肉を通る（C1）。声帯が開いたり閉じたりすることで，空気の流れがととのえられ，周期的な流れになる。その後，空気は「声道」を通り，口から出ていく。

声の高低は，声帯の開閉の周期のちがいによって生まれる。具体的には，速く動けば高くなり，遅く動けば低くなる。これを，声帯のところの周波数であらわすと，C4のようになる。最も低い周波数のところにピークが出ているが，さらにこの音が反響して，周波数が2倍，3倍のところにもピークが出るのだ。これが音源となり，声道をふるえさせる。

きれいな声（音）を出すためには，声道で空気の流れを共鳴させる必要がある。そのためには，空気の波はC2のような波長をもつ必要がある。

今，声道を「チューブ」とみなしてみよう。声帯から口の先までの長さは，平均約17.5センチメートルだ。C2上段の波形では，波長は17.5センチメートルの4倍，つまり0.7メートルとなる。音の速さは350メートル/秒なので，このとき周波数は500ヘルツとなる（350 ÷ 0.7 = 500）。同様に計算すると，中段の波形では1500ヘルツ，下段の波形では2500ヘルツとなることがわかる（C3）。

なお，声道の長さをかえることはできないが，舌の位置や口の中の大きさをかえることで，共鳴する周波数がかわる。これにより，私たちはさまざまな周波数をもった声を出すことができるのである。

C2. 声道を共鳴する波

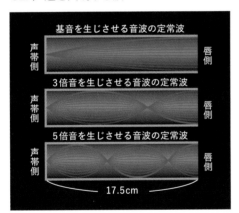

基音を生じさせる音波の定常波
声帯側／唇側

3倍音を生じさせる音波の定常波
声帯側／唇側

5倍音を生じさせる音波の定常波
声帯側／唇側

17.5cm

C3. 声道がつくるスペクトル

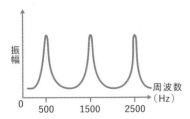

振幅／周波数（Hz）

0　500　1500　2500

C4. 声帯がつくるスペクトル

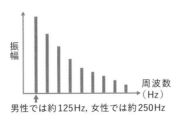

振幅／周波数（Hz）

男性では約125Hz，女性では約250Hz

声道でつくられる周波数（C3）と，声帯でつくられる周波数（C4）が重ねあわさることで，フォルマント（C2のようなスペクトル）がつくられる。

フーリエ変換の活用「アルマ望遠鏡」

南米チリのアタカマ高地には，広大な土地に複数台のパラボラアンテナが設置されている場所がある（下の写真）。これは，日本の国立天文台などが国際共同プロジェクトとして運用する電波望遠鏡「ALMA（アルマ）」である。

天体は，さまざまな波長の電磁波を放っている。電波望遠鏡はそのなかの電波をとらえ，解析することで，天体をつくっている物質の組成や，天体の運動を知ることができる。

ALMAでは，それぞれのアンテナから得られたデータを組み合わせることで，一つの画像を合成する。なぜ，そのようなことができるのだろうか。その鍵は「干渉」にある。

干渉とは，波どうしを重ねあわせたとき，波の山と波の山が重なると高く，波の山と波の谷が重なると打ち消しあい低くなる現象をさす。

2台のアンテナから得た二つの電磁波の波を重ねあわせると，干渉縞ができる。この干渉縞の中には，天体の大きさにかかわる情報（空間周波数）と，天体の明るさの情報がまざり合って含まれている。そこで，この空間周波数に対して逆フーリエ変換を行う（周波数情報から波の形を得る）ことで，どのような強さの電波をもった天体がどこに位置するのかを解析できるのである。

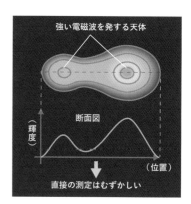

強い電磁波を発する天体

断面図

（輝度）

（位置）

直接の測定はむずかしい

ALMA望遠鏡
直径7メートルもしくは12メートルのアンテナを合計66台組み合わせ，全体として一つの望遠鏡としてはたらく。一つの巨大な望遠鏡を用いるより，より効率的にはっきりと天体をとらえることができる（右上の図は，実際の天体の輝度分布）。

＊画像提供：ALMA（ESO/NAOJ/NRAO），A. Marinkovic/X-Cam

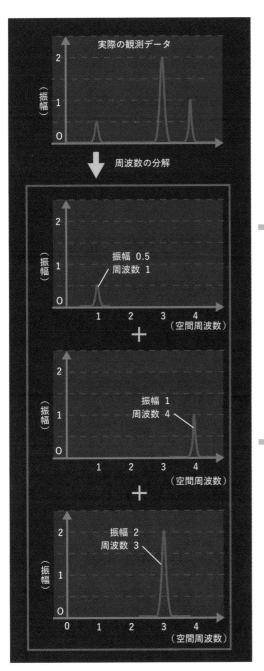

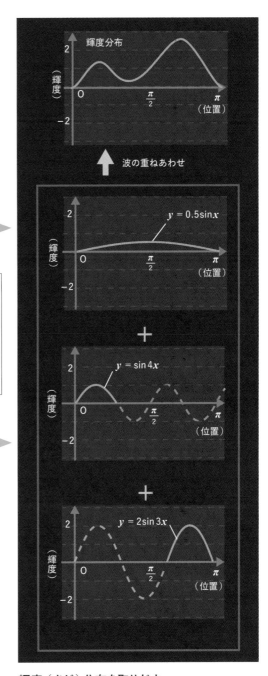

空間周波数スペクトル

電波干渉計では，2台のアンテナがとらえた電波を干渉させることで，干渉縞から「空間周波数」というデータを取りだすことができる。

輝度（きど）分布を取りだす

空間周波数から逆フーリエ変換を行うことで，電波の輝度分布（強度分布）を間接的に得ることができる。さまざまな周波数情報を得て，それらを組み合わせることで，一つの画像を合成する。

フーリエ変換の活用「地震動分析」

執筆　梶原浩一

　防災科学技術研究所の「E－ディフェンス」は, 1200トンまでの実物大の構造物に対し, 最大震度7の地震動を再現し, 破壊することができる実験施設※である（下の写真）。

　たとえば, 建物の耐震性能を調べる振動台実験では, 建物が地震によってどのような応答をするかについて, より具体的には「ゆれの大きさはどれくらいか」「どのような地震波の周期が, 建物に影響をあたえるか」「被害の要因は何か」などを調べる。そのための基本的な情報として, 「ゆれの加速度」「速度」「変位」「ひずみ」などの定量的なデータが必要となる。実験で

振動台

E-Defense　NIED　MITSUBISHI

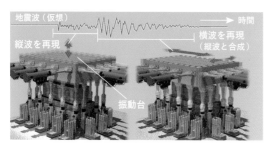

地震波（仮想）　時間
縦波を再現　横波を再現（縦波と合成）
振動台

（↑）E－ディフェンス

垂直方向に最大で±50センチメートル, 水平方向に最大で±100センチメートルのゆれを, 構造物にあたえることができる。
　E－ディフェンスの中核となる装置は, 建物を揺らすための巨大な振動台だ（左図）。一般的に地震波は, まず縦波が到達し, 次に「主要動（しゅようどう）」といわれる横波が到達する。E－ディフェンスの振動台は, コンピュータのリアルタイム制御によって, この地震波の動きを正確に再現する。縦波は垂直方向の, 横波は水平方向の加振器でそれぞれつくられ, その振幅や加速度も調整することができるため, 多種多様な地震を再現可能だ。

はこれらのデータを取得するために，多くの計測装置を建物に設置している。簡単なイメージではあるが，「ゆれの加速度」は，質量を掛けあわせることで建物に作用する力をあらわす。また，「速度」は，運動エネルギーにかかわるデータとなる。「変位」や「ひずみ」は，建物の損傷に結びつく変形を調べるための重要なデータとなる。研究者たちは，これらのデータを慎重に観察し，解析することで，建物への影響をつかんでいくのである。

地震波の加速度データを得る

地震動は，さまざまな周期成分（周波数成分）をもった波が重なりあってつくられている。たとえば「強震記録」とは，地震計を設置した地点のゆれの大きさを，時間変化ごとに数値化したデータである。これらの地震計の多くは，加速度をはかっている。地震の速度や変位の大

きさを知りたい場合は，加速度データを積分することで求める。

E−ディフェンスの加振実験（ゆれをあたえる実験）では，多くの場合，建物の各階の床などに加速度計を設置する。そのため，各階の時々刻々の速度や変位は，加速度の時間変化のデータを積分して求めている。

フーリエ変換で解析を快適に

積分を行う際には，必要な周期成分を取りだしたり，不要な周期成分をカットしたりする「フィルタ処理」を同時に行いたい場合がしばしばある。ここで，フーリエ変換が登場する。

まず，時間変化の波形を，フーリエ変換で周波数領域に変換する。これにより，周波数ごとのデータとなる。この段階で，周波数成分の振幅情報を削除して，必要な周期成分のみを取りだす。そして積分作業，逆フーリエ変換を行うことで，時間変

化の波形にもどす（下図）。

建物の「固有値」を得るには

また加振実験では，建物の「固有値」を調べることもできる。固有値とは，建物が揺れやすい地震波の周期成分のことだ。建物の高さや形状によって，地震の震度自体は小さくても，建物が大きく揺れることがあるのは，この固有値のためである。

加振実験によって得られた時間変化のデータでは，複雑な波形となってしまい，そのままでは建物の固有値をつかむことはできない。そこで，建物がどのような周期成分に反応して揺れるかを調べるために，「周波数伝達関数」というデータを取得する。その結果，周波数ごとに，入力波のどの周波数成分がどのくらいの強さで建物に影響をあたえるのかが，わかりやすい曲線で表現される。

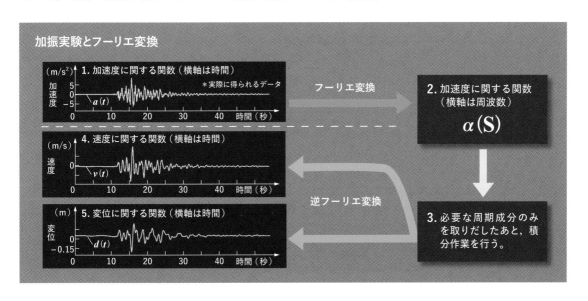

自然界にある
天然の"フーリエ解析装置"

実は自然界の中にも，あたかもフーリエ解析を行っているかのようにみえるものがある。二つの例を紹介しよう。

一つ目は「虹」である。虹の源（みなもと）は太陽光だ。太陽光は白く見えるが，実際にはさまざまな色（周波数）の光がまざったものだ。太陽光が大気中に浮かぶ水滴の中に入り，内部で反射してから水滴の外に出ていくとき，光の色（周波数）によって，光の曲がりぐあい（屈折率）がことなる。そのため，水滴を出てくる角度もことなるため，太陽光がさまざまな色の光に分解されて見えるのだ。これはまるで，水滴が太陽光をフーリエ解析しているといえる。

もう一つの例は，人間の「耳」だ。高い音と低い音の聞き分けを可能にしているのは，「蝸牛管（かぎゅうかん）」という器官である（下図）。鼓膜（こまく）の振動は，「耳小骨（じしょうこつ）」を介して蝸牛管を揺らす。すると，蝸牛管の内部を満たすリンパ液が揺れて，蝸牛管の内壁に並んだ細胞の毛を揺らす。このとき，

高い音は蝸牛管の手前側の毛を，低い音は奥側の毛を揺らすしくみになっている。つまり蝸牛管は，音を周波数成分に分解しているのである。

もちろん，水滴や蝸牛管がフーリエ解析に必要な計算を行っているわけではない。しかし，複雑な波を分解して周波数成分を取りだすという本質的なはたらきに注目すれば，これらは天然のフーリエ解析装置とみなせるだろう。

水滴やプリズムのように光を周波数ごとに分解する装置を「分光器（ぶんこうき）」というが，人工の分光器にはコンピュータによるフーリエ変換を使うものもあり，赤外線天文学などの分野で活躍している。また，科学者が行う自然界の"謎解き"にも，フーリエ解析は不可欠なツールだ。ほかにも，CT（シーティー）スキャンやMRI（エムアールアイ）などの医療機器による画像構築など，フーリエ解析の応用例をあげればきりがない。深く知りたい人は，より専門的な解説書に挑戦してみてほしい。

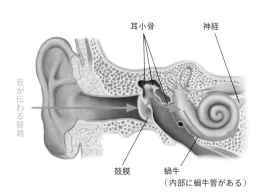

耳小骨
神経
音が伝わる経路
鼓膜
蝸牛
（内部に蝸牛管がある）

（←）
人間の耳のしくみ
蝸牛管のはたらきにより周波数成分ごとに分解された音の情報は，電気信号に変換され，神経を通じて脳へと届けられる。

赤色に見える部分の水滴からきた紫色の光は，目に届かない。

紫色に見える部分の水滴からきた赤色の光は，目に届かない。

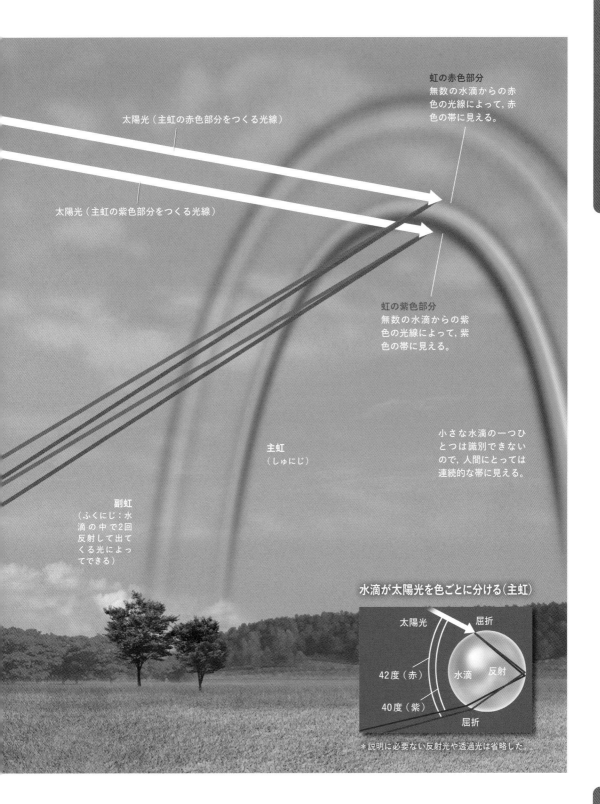

太陽光（主虹の赤色部分をつくる光線）

太陽光（主虹の紫色部分をつくる光線）

虹の赤色部分
無数の水滴からの赤
色の光線によって，赤
色の帯に見える。

虹の紫色部分
無数の水滴からの紫
色の光線によって，紫
色の帯に見える。

小さな水滴の一つひ
とつは識別できない
ので，人間にとっては
連続的な帯に見える。

主虹
（しゅにじ）

副虹
（ふくにじ：水
滴の中で2回
反射して出て
くる光によっ
てできる）

水滴が太陽光を色ごとに分ける（主虹）

太陽光 　屈折

42度（赤）

40度（紫）

水滴 　反射

屈折

＊説明に必要ない反射光や透過光は省略した。

フーリエ変換と音楽
〜 心地よい音は何がちがう？ 〜

執筆　前田京剛

どんな関数でも，単純な波である三角関数の足しあわせで表現できるというのが，フーリエ変換である。ここでは，楽器の音色や和音の響きなど，音楽を題材にして，フーリエ変換の物理的な意味や応用を紹介する。

なぜ三角関数を
学ぶのか

物理学を学ぶ高校生の多くがつまずきを感じ，ともすると物理学がきらいになってしまうのが，「単振動」の単元だと聞く。その運動を表現するには，前後して数学で唐突に学ばれる三角関数というものが必要で，まだ不慣れなうちに，その三角関数がフル活用されるからというのが大きな理由の一つのようである。

では，逆に三角関数を導入するメリットは何なのだろうか。たしかに，単振動を表現するだけでは，ちょっと物足りない気がする。測量などでは，三角関数があると，表現が簡単かつ便利だ。とはいえ，「なくてはならない」感はあまり感じられない。いずれも，三角関数からすれば，役不足といえなくもない。

筆者（前田京剛）の理解では，三角関数を早いうちから学ぶメリットは，「世の中のどんな関数でも，さまざまな周期の三角関数の重ねあわせで，ただ一通りに表現することができる」こと

にあるのだと思う。それは，数学的には，三角関数のもつ“周期性”とならび，もう一つの重要な性質である“直交性”という性質のおかげだ。これを，フーリエ級数展開とか，フーリエ変換という。

一例として，x の関数 $f(x)$ として，周期 2π の矩形パルスを考えよう。「矩形」とは，角が直角という意味である。

矩形パルスは，右ページAに示したような，それと同じ周期と，その奇数分の1の周期の三角関数の足しあわせで表現できることがわかっている。

Aでは，足しあわせを m 個でやめた場合を示した。m をふやしていくにしたがって，矩形パルスに近づいていくことがわかる。これが，フーリエ級数展開である。

世の中の関数あるいは信号が，すべてこのような周期関数ばかりというわけではない。たとえば，あるとき人が何かしゃべったとしよう。それは，右ページBのような空気の振動として表現される。実はこのような周期的でない関数も，三角関数の足しあわせで表現できる。

この場合は，周期的でない一般の信号を，周期 L の信号において L を無限大にしたもの，と考える。すなわち，今得られた信号が一周期分の信号とみなすわけだ。周期 L の正弦波は，

$\sin 2\pi \dfrac{x}{L}$ と表現することができ（Bの場合だと，x は時間をあらわす），さらにその周期の m 分の1（m は整数）の周期の正弦波の中は，$\sin 2\pi \dfrac{mx}{L}$ と表現できる。周期 L を大きくしていくと，フーリエ級数展開に登場する，さまざまな周期の正弦波（$\sin 2\pi \dfrac{mx}{L}$）の数もふえていき，これら正弦波の中にあらわれる $2\pi \dfrac{mx}{L}$ の値は連続的に変化することになる。このため L を無限大にすることで，フーリエ級数展開も，不連続な級数のかわりに，連続的な和，すなわち積分で表現することができる。これが，フーリエ変換（フーリエ積分）である。

こうして，すべての関数は三角関数の足しあわせとして，ただ一通りに表現することができる。足しあわせの展開係数を具体的に求めるレシピも，いたって簡単なものだ。

このように文章で表現すると何やらむずかしそうだが，私たちはフーリエ変換を生活の中でも身近に体験している。たとえばオーディオのグラフィックイコライザは，今演奏されている音楽（音）が，低音から高音までどのような周波数の成分がどのようにまざっているのかを，リアルタイムで視覚的に表現している。つまりこれは，フーリエ変換の結果をリアルタイムで表示する装置にほかならない。

A. 矩形パルス（周期 2π）のフーリエ級数展開

$$f(x) = \left(\frac{4}{\pi}\right)\left\{\sin x + \frac{1}{3}\sin 3x + \frac{1}{5}\sin 5x + \frac{1}{7}\sin 7x + \frac{1}{9}\sin 9x + \cdots + \frac{1}{2m-1}\sin(2m-1)x + \cdots\right\}$$

上の式のように，周期と振幅が奇数分の1の
三角関数を無限個足しあわせると，長方形が
並んだような矩形パルスになる。

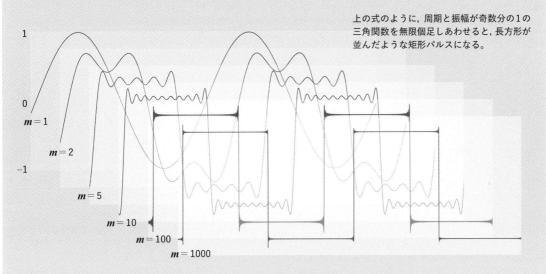

B.

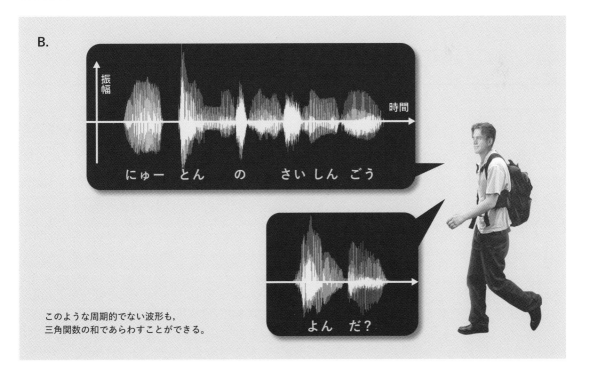

このような周期的でない波形も，
三角関数の和であらわすことができる。

実際，フーリエ変換を利用した手法は，科学の研究・開発のさまざまな分野で威力を発揮している。たとえば本書に紹介されているものだけでも，人工音声の合成，高精度な天体観測，地震波の分析による耐震建築の設計などがあげられる。

倍音と楽器の音色

オーディオの話になったところで，次に音についてみてみよう。音楽は，いろいろな楽器がつくる音が合わさってできている。音楽の三要素といえば，リズム，メロディ，ハーモニーだが，その構成要素である音の三要素は，大きさ，高さ，音色であるといわれている。

音の大きさは，空気の振動の波の振幅，高さは振動数（ある

いはその逆数である波長）が決めていることは，すでにご存じだろう。では，音色は何が決めているのだろうか。それは，「倍音のまざり方」だといわれている。どういうことだろうか。

下図C1は，同じ高さ（「ラ」の音：振動数は440ヘルツ）の音を，音叉，フルート，クラリネットでそれぞれ出したときの空気の振動波形を，電気振動に変換したものである。どれも同じ周期だが，波形はそれぞれことなる。音叉は比較的正弦波（一つのサイン波）に近い形をしているが，フルートとクラリネットの波形は，それからはかなりずれている。

そこで，これをフーリエ変換してみると，C2のようになる。440ヘルツとその整数倍のところに，棒が立っていることがわ

かるだろう。この棒の高さは，フーリエ級数展開したときの周波数成分（フーリエ成分）の大きさをあらわしている。

音叉の場合，ほとんど440ヘルツのところにしか棒はないが，フルートとクラリネットでは，その整数倍の成分（高調波成分という）が顕著で，かつその大小関係もことなっている。この高調波成分こそが「倍音」である。その大小関係がことなるということが，すなわち「倍音のまざり方がことなる」ということなのだ。つまり一般に，**人の声も含めさまざまな楽器である高さの音を鳴らすと，そこには倍音がさまざまなことなる形でまざっている。そして，その倍音のまざり方が，その楽器特有の音色を決めているというわけだ。**

音叉

ヴァイオリン

C.

楽器の音色は，倍音のまざり方が決めている。

1. 音の波形（周波数は440Hz）

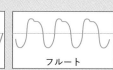 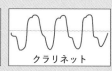

| 音叉 | フルート | クラリネット |

2. フーリエ変換（横軸の単位は440Hz）

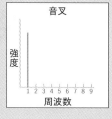 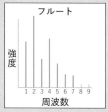 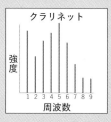

音叉　フルート　クラリネット
強度　強度　強度
1 2 3 4 5 6 7 8 9　周波数

＊図の出典：『音楽の物理学』（A.ウッド著，石井信生訳，音楽之友社）

楽器が倍音のまざった音を奏でる理由

ある波長の音に対して、その整数倍の振動数の成分がまざるというのは、数学的には、150ページで述べた「あらゆる周期的な信号は、基本周期とその整数分の1の周期（振動数が整数倍なら、周期は整数分の1）の信号の重ねあわせで表現できる、すなわちフーリエ級数展開が可能である」ということの具現にほかならないが、物理学的にもとても自然なことだ。

ヴァイオリン、ギター、さらにピアノなどを想像してみてほしい。そこには、いくつもの弦が張られている。ヴァイオリンではこの弦を弓でこするが、ギターでは爪ではじき、またピアノも、鍵盤に連動したハンマー

が弦をたたき、音が出る。この状況をモデル化してみよう。下図D1のように、長さ L の弦を張ってその一部を指などではじくと、ある高さの音が出る。はじき方をくふうすると、D1のような振動をつくりだせる。このとき、弦の各部分は足並みをそろえて振動している。

次に、弦の2か所、3か所をたがいに逆向きになるようにしてはじくか、もしくは弦を張る力を強くしていくと、D2やD3のような振動もおこる。これらの波は、弦が動いていない部分（節という）どうしの間隔が、D1の整数分の1になっていて、振動数は、逆にD1の整数倍になっていることがわかる。

このように、弦において、長い時間持続する振動（定常波という）の振動数は、基本的な振

動数か、その整数倍しかない。どうしてかというと、このような定常波は、弦の中を進む波（たとえば左から右へ）が端で反射して反対方向に進み、元の右向きの波と重ねあわさった結果としてできるためだ。波の振動数は、波長と簡単な関係で結ばれていて、張った弦の長さと特別な簡単な関係にある波長の波以外は、何度も反射をくりかえした重ねあわせの結果、消えてしまう。そのようなことから、長時間生き残る定常波の振動数は、基本的な振動数かその整数倍しかないのである。

弦のかわりに管を用意して、その中の空気を振動させると、やはり決まった振動数の定常波が発生する。その振動数は、フルートのようにパイプの両端が開いているか、クラリネットの

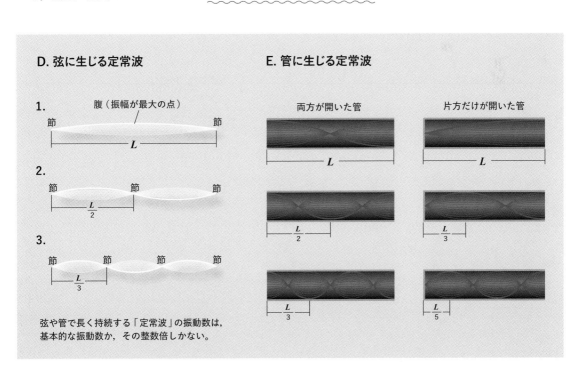

D. 弦に生じる定常波

1.
節 　　腹（振幅が最大の点）　　節
　　L

2.
節　　　節　　　節
　$\dfrac{L}{2}$

3.
節　節　　節　　節
　$\dfrac{L}{3}$

E. 管に生じる定常波

両方が開いた管
　　　L

片方だけが開いた管
　　　L

$\dfrac{L}{2}$ 　　　　$\dfrac{L}{3}$

$\dfrac{L}{3}$ 　　　　$\dfrac{L}{5}$

弦や管で長く持続する「定常波」の振動数は、基本的な振動数か、その整数倍しかない。

ようにパイプの片方だけが開いているかでことなる。前者の場合は，弦と同じ「基本振動数とその整数倍」，後者の場合は「基本振動数とその奇数倍」しかない（前ページE）。

このように，振動数が整数倍の倍音は，物理現象の基本中の基本なのだ。そして，一般的にある高さの音を鳴らすと，そこにはその倍音が重ねあわさっているのである。

音楽をつくる「音律」

このような自然界の法則をふまえて，音楽をつくることを考えよう。

基本音とその振動数が整数倍の音をピアノの鍵盤の上にしると，およそ下図Fのようになる。鍵盤の下の数字は，その音の振動数の比をあらわしている。"およそ"というのは，あくまでもそれに近いということであって，それと厳密に等しくはないという意味だ。というのは，現在では，音階は「平均律」という調律方法でつくられている。これに対して，物理現象を重視した，基本音とその整数分の1から音階をつくる方法を「純正律」といい，平均律とは少々ことなるからだ（バロック音楽の演奏，弦楽合奏などでは，純正律もしばしば用いられる）。

細かい手順は省略するが，結果としてできた純正律の音程の関係をGに示した。ここでも，鍵盤の下の数字が音の振動数の比をあらわしている。結果としてできた音階の各音の振動数の比をみてみると，Hのようになる。一つ飛ばしに，三つの音で和音（三和音）をつくるとすると，I，IV，Vの三和音（長調だと，ドミソ，ファラド，ソシレの和音）だけが，三つの音が簡単な整数比になっていて，それ以外の三和音は複雑な数の比になる。

簡単な整数比と，そうでない比のちがいは，どういうところにあらわれるのだろうか。ブラ

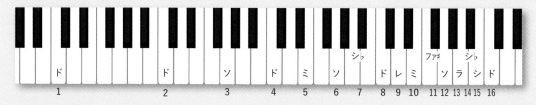

F. 純正律の自然倍音列

*鍵盤の下の数字は，いちばん左の「ド」に対するその音の振動数の比をあらわしている。

G. 純正律のドレミファソラシドの音程（振動数）の関係

H.

純正律三和音の音程比　　*ハ長調長音階の場合。

	構成音	音程比
I	ド－ミ－ソ	4：5：6
II	レ－ファ－ラ	27：32：40
III	ミ－ソ－シ	10：12：15
IV	ファ－ラ－ド	4：5：6
V	ソ－シ－レ	4：5：6
VI	ラ－ド－ミ	10：12：15
VII	シ－レ－ファ	45：54：64

（主要3和音：I・IV・V）

平均律の主要三和音の音程比
4：5.0396842…：5.9932283…

純正律では，主要な三和音は振動数が整数比になっており，快く響きあう。平均律では，整数比にならないかわりに，自在に転調ができる。

スバンドやオーケストラなどの合奏経験がある人は，最初に行う「チューニング」（音合わせ）のときに，チューニングがずれていると，「うなり」が聞こえるという経験をおもちではないだろうか。このように，周波数がわずかにずれている，すなわち簡単な整数比にならないときには，それらを共に鳴らしても，快い響きとはならないのだ。したがって純正律では，三つの音の振動数の比が簡単であるⅠ，Ⅳ，Ⅴの和音だけが多用され，曲の途中の転調もこれらの間だけで行われる。実際このことは，古典音楽のソナタ形式や，ソナタによく反映されている。

これに対して，現在最も普通に用いられている平均律は，**1オクターブ（周波数が2倍ちがう2個の音）を均等に12等分し，音階を構成するものだ。**Ⅰ，Ⅳ，Ⅴの和音も，純正律ほどには簡単な整数比にならないかわりに，どの調からどの調に対しても自由自在に転調ができ，音楽の世界が格段に広がる。「心地よさ」をごくわずかに犠牲にしても，それによって新しい世界が手に入るわけだ。このような志で書かれたのが，ヨハン・セバスチャン・バッハの「平均律クラヴィーア曲集」である。これは，"鍵盤音楽の旧約聖書"とよばれている[※]。

では，実際どのくらいちがいがあるのだろうか。左ページ下のHを見てほしい。主要三和音の場合，純正律では4：5：6なのに対して，平均律では，4：5.0396842：5.9932283となる。理屈の上では，平均律の場合，主要三和音でもうなりが生じ，「心地よさ」では純正律に劣るということになるが，皆さんはこのちがいを聞きくらべられるだろうか。インターネット上で，両者を弾きくらべたサイトがいろいろあるので，ぜひトライしてみてほしい（→次ページにつづく）。

※：現代の音楽研究によれば，曲集の原題 "Das Wohltemperirte Clavier" は，「よく調律された」という意味だが，これは必ずしも平均律をあらわすものではないという解釈が一般的だ。とくにバッハの時代の平均率は，1オクターブを12等分したものとちがうことも知られている。しかし曲集の構成をみるかぎり，「当たらずといえども遠からず」といってよいと筆者は考える。

心地よさをもたらす「$\frac{1}{f}$ゆらぎ」

フーリエ変換について少し慣れ親しんでいただいたところで，心地よいと思う音の響きについて，ちょっとちがう角度からみてみよう。「音楽のゆらぎ分析」とよばれる解析方法についてお話しする。

ある音楽の音の聞こえ方を，横軸に時間をとってグラフにしたとしよう。空気の振動，すなわち，空気が「密」になったり「疎」になったりするのに対応して，グラフの曲線は何度もゼロを横切る。このグラフを一定時間ごとに区切り（たとえば25ミリ秒），その中で，曲線が何回ゼロを横切ったかを記録し，それを，その区間の平均的な周波数とすることにする。たとえば，10回横切れば「5周期分」なので，平均的周期は「5ミリ秒」となる（正弦波一周期は2回ゼロを横切ることに注意しよう）。

この平均的周期をすべての区切りで求め，25ミリ秒を単位とした時間を横軸にとってグラフにすることができる（右図I）。たとえば，一つの同じ楽器で同じ音をずう

っと鳴らした場合は，同じ音の波形がずうっとつづいているので，どの区切りでもゼロを横切る数は同じだ。すなわち，同じ平均周波数が時間軸上にえがかれ，横に平らな直線ができる。

これに対し，次々とちがう楽器やちがう音程の音があらわれる実際の音楽では，時間軸上に上下する何らかの曲線がえがか

れる。この水平な線からのずれは，音楽の振動数（周波数）が，平均値のまわりでどのように変化しているかということをあらわしていて，「ゆらぎ」とよばれている。「雑音（ノイズ）」という言葉を聞いたことがあると思う。雑音も，信号の平均値のまわりのずれの時間変化であり，まったく同じものだ。

I. 音楽を「ゆらぎ分析」する

一つの楽器で同じ音を鳴らす

振幅

時間

平均周波数

時間

ゼロをよぎる回数は
変化しない（ゆらぎがない）

楽器の種類や音程が変化する
実際の曲を演奏する

振幅

時間

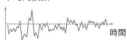

平均周波数

時間

ゼロをよぎる回数は不規則に
変化する（ゆらぎがある）

J. 「$\frac{1}{f}$」ゆらぎの例

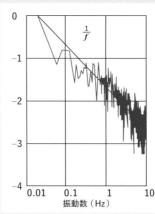

$\frac{1}{f}$

振動数（Hz）

ベートーヴェンのピアノソナタ（作品53）第1楽章の，周波数ゆらぎ。広い範囲で $\frac{1}{f}$ ゆらぎの傾向がみられる。

＊『「ゆらぎ」の不思議な物語』（佐治晴夫著，PHP研究所）より引用した。

周波数の平均値まわりのずれの時間変化を「ゆらぎ」という。ゆらぎをフーリエ変換し，その周波数成分（フーリエ成分）の2乗が，周波数のほぼ逆数に比例するものを，$\frac{1}{f}$ ゆらぎという。人間が心地よいと感じる音楽は，$\frac{1}{f}$ ゆらぎの傾向がみられることが知られている。

　では，この振動数のゆらぎ（ノイズ）は，どのような周波数成分からできているのだろうか。フーリエ変換をして，その周波数成分の2乗を振動数の関数としてあらわしたもの（パワースペクトルという）を見てみると，非常に面白いことがわかる。バッハ，モーツアルト，ベートーヴェンといった古典音楽の大家の名曲といわれるものの多くは，周波数成分の2乗が周波数 f のほぼ逆数に比例するのだ。

　このようなパワースペクトルは，文字どおり「$\frac{1}{f}$ スペクトル」「$\frac{1}{f}$ ノイズ」「$\frac{1}{f}$ ゆらぎ」とよばれている。これに対して，現代音楽やロックの曲は，「ローレンツスペクトル」（低周波側で周波数に依存せず，高周波側で $\frac{1}{f^2}$ スペクトルとなる）を示す。現代音楽やロックのファンにはたいへん申し訳ないが，人間が聞いて心地よいと感じる音楽は，$\frac{1}{f}$ ゆらぎを示すのである（左ページJ）。

　ここではくわしい説明は割愛するが，ローレンツスペクトルは，ある周波数を境に，それより低周波側ではスペクトルは周波数に依存せず，それより高周波側では $\frac{1}{f^2}$ の周波数依存性を示すわけであるが，この二つのことなる周波数依存性の境目の周波数を f_0 とすると，$\frac{1}{f_0}$ に相当する時間が，その物理現象におけるゆらぎ現象に特徴的な時間をあらわしていて，それよりも長い時間間隔でおこるゆらぎはたがいに無関係であり，逆にそれよりも短い時間間隔でおこるゆらぎは，たがいに関係があるということをあらわしている。

　このことを別の言い方をすると，まったく周波数に依存しないスペクトルは，まったくの無秩序信号をあらわすのに対し，ローレンツスペクトルの高周波側であらわれる $\frac{1}{f^2}$ スペクトルは，意外性の少ない信号の特徴を表現しているといえる。したがって，$\frac{1}{f}$ というスペクトルは，「意外性が適度にミックスされたゆらぎ」ということができる。

　人間の心臓の鼓動も $\frac{1}{f}$ ゆらぎをもっていることが知られているので，$\frac{1}{f}$ ゆらぎがもたらす心地よさは，人間の生理的な根源と結びついているという解釈もあるほどだ。CD売り場でヒーリング・ミュージックなどのコーナーに，「$\frac{1}{f}$」というキーワードが見られるのは，こういった研究にもとづいているのである。

ヨハン・セバスチャン・バッハ

フーリエ変換とデジタル信号処理
～ スマホで音楽が聴け, 動画や静止画が見られる「しくみ」～

執筆　三谷政昭

　フーリエ変換は,「ICT(情報伝達技術)・IoT(モノのインターネット)」時代を支えるデジタル信号処理に欠かすことができない。便利な現代の世の中は, フーリエ変換なくしては存在しないといえる。ここでは, 身近なデジタルデータとして画像と音を取り上げ, デジタル信号におけるフーリエ変換の「基本」や, フーリエ変換を利用して, 画像や音が私たちが利用しやすいように圧縮される「しく

み」を解説しよう。

世の中はフーリエ変換に支えられている

　フーリエ変換とは, いろいろな信号処理における基盤技術の一つで, 周波数のまじり方の比率を見いだすための最も重要な計算手法である。簡単にいえば, ある一つの複雑な信号を, わかりやすいいくつかの単純な信号に分解することだ。たとえば音では, 周波数(音の高さ)がこ

となる複数のサイン波やコサイン波を足しあわせた総和に変換することであるし, 画像では, 周波数(模様の細かさ)がことなる複数の単純な縞模様(縦じま, 横じま, 格子じま, 斜めじま)を寄せ集めた総和に変換することである。

　このようなフーリエ変換の応用分野は, 経済予測や医療, 交通, 制御, 通信, 化学, 電気, 機械など非常に多岐にわたる(下図A)。デジカメをはじめ, ス

A.「フーリエ変換」応用の主な分野

通信	●モデム(変復調) ●エコー・キャンセラ ●符号化／復号化	制御	●ロボット制御 ●モーター制御 ●アクティブ振動制御	音声信号処理	●音声合成 ●音声分析 ●音声認識	医用システム	●心電図／脳波解析 ●X線写真の自動診断 ●新薬開発
音響信号処理	●音データ圧縮(MP3) ●電子機器 ●音場コントロール	自動車	●エンジン制御 ●カー・オーディオ ●ブレーキ・システム	画像処理	●画像データ圧縮 　(JPEG・MPEG) ●画像認識 ●画像生成／再合成	天文学／地質探査	●電波望遠鏡 ●開口合成レーダー ●地震波解析

計測システム	●振動解析　●センサー信号処理　●相関処理

マートフォン, インターネット, デジタル放送, 介護・癒しロボット, 自動車のエンジン制御, 天気予報, 防犯カメラ, 人工知能 (AI：Artificial Intelligence) など, 枚挙にいとまがない。

たとえば, 医療分野においては, 病気の診断をするための脳波や心電図など生体信号の周波数変動の分析, DNA解析による本人確認, 精密な薬成分の質量分析, 新薬の開発などに使われている。

また, 音声や画像のデジタル信号 (数値データ) をフーリエ変換することで, 声紋分析やデータ圧縮 (データ量を少なく

すること) が可能となる。防犯カメラの画像から犯人を捜しだしたり, 自撮り写真の顔画像をかわいく修正したり, 自販機が「いらっしゃいませ」や「ありがとうございます」としゃべったりといった信号処理にも, フーリエ変換が活用されている。

まさに, **この便利な世の中はフーリエ変換によって形づくられ, 支えられているといっても過言ではないのだ。**

画像信号でフーリエ変換の基本の「き」を知ろう

【相関と直交】

では次に, 紙と鉛筆を使った

簡単な計算により, フーリエ変換の基本の "き" である「相関」「直交」「信号分解・合成」を, 直感的に理解しよう。いずれもフーリエ変換の応用を理解する "極意" となる。取り上げるデータは, 画像信号とする。画像信号は2次元のデジタル信号であり, その処理は, 簡単な四則計算[1]によって行うことができる。

今, 二つの 4×4 画素の画像信号 (2次元の数値の並び。各数値は, その画素の濃淡をあらわす) として, 次ページBのようなものを考える。式で書くと, 次のようになる。

$$x=\{x_{mn}\}_{m,n=0}^{m,n=3} \quad と \quad y=\{y_{mn}\}_{m,n=0}^{m,n=3}$$

これらの信号について，次のような演算を定義しよう。

$$R_{xy}=\langle x,\ y\rangle$$

$$=\frac{1}{4\times4}\sum_{m,n=0}^{3}(x_{mn}\times y_{mn})$$

$$=\frac{1}{16}\begin{cases}x_{00}\times y_{00}+x_{01}\times y_{01}+\cdots+x_{03}\times y_{03}\\+x_{10}\times y_{10}+x_{11}\times y_{11}+\cdots+x_{13}\times y_{13}\\\cdots\cdots\cdots\\+x_{30}\times y_{30}+x_{31}\times y_{31}\cdots+x_{33}\times y_{33}\end{cases}$$

$$\cdots\cdots ①$$

①は二つの画像信号の"積和"（かけ算した結果を足し算した値）の1画素あたりの平均値であり，これが「相関」とよばれる物理量に相当する。

ここで，画像のもつ周波数の概念を考えてみよう。音が時間に対する変動として表現される

のに対し，画像は縦と横の距離（長さ）に対する変化としてとらえることができる。周波数の低い画像は，粗い大柄なグラデーション（濃淡のある階調）模様に，周波数の高い画像は，細かい模様となる（下図C）。

簡単な例として，4×4画素の画像信号において，白（信号値1）から黒（信号値−1）へ，逆に黒から白へと反転する回数を「周波数」（「波数」ということもある）と定義してみる。

すると，横方向の周波数である「水平周波数」が「1」で，垂直方向の周波数が「0」の場合は，横方向でだけ反転する回数が1回なので，D1のような縦じまになる。

縦方向の周波数「垂直周波数」が「2」，水平方向の周波数が

「0」の場合には，縦方向で2回反転するので，D2のような横じまになる。

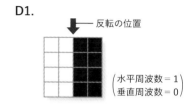

D1.

── 反転の位置

（水平周波数 = 1
垂直周波数 = 0）

D2.

（水平周波数 = 0
垂直周波数 = 2）

さらに，水平と垂直の周波数がいずれも「3」の場合は，D3の最も細かい格子じまの模様があらわれることになる。

B.
相関計算のイメージ（4×4画素の場合）

横方向の画素位置 → n

縦方向の画素位置

x_{00}	x_{01}	x_{02}	x_{03}
x_{10}	x_{11}	x_{12}	x_{13}
x_{20}	x_{21}	x_{22}	x_{23}
x_{30}	x_{31}	x_{32}	x_{33}

m

横方向の画素位置 → n

縦方向の画素位置

y_{00}	y_{01}	y_{02}	y_{03}
y_{10}	y_{11}	y_{12}	y_{13}
y_{20}	y_{21}	y_{22}	y_{23}
y_{30}	y_{31}	y_{32}	y_{33}

m

画像$\{x_{mn}\}_{m,n=0}^{m,n=3}$ ⟶ 相関値R_{xy} ⟵ 画像$\{y_{mn}\}_{m,n=0}^{m,n=3}$

$$\frac{1}{4\times4}\sum_{m,n=0}^{3}(x_{mn}\times y_{mn})$$

C.
画像の周波数のイメージ

画像の周波数は，右図のような波の，横（x）と縦（y）の長さに対する変化（高さ，zの値）を色の濃淡であらわしたものといえる。周波数の高い画像は，細かい模様となる。

$z=\sin(x)$

$z=\sin(2x)$

$z=\sin(x)\times\sin(y)$

$z=\sin(2x)\times\sin(2y)$

※1：四則計算「＋，−，×，÷」は，ハードウェア，ソフトウェアの両面で容易に実現可能な，コンピュータ処理にうってつけの演算方法である。囲碁や将棋の電脳棋士（きし），自動運転車などに応用される人工知能（AI）も，すべてデジタル信号処理と称する四則計算だけで，超高速にデジタル信号を計算処理している。

D3.

$\left(\begin{array}{l}\text{水平周波数}=3\\\text{垂直周波数}=3\end{array}\right)$

つまり，水平および垂直の周波数はそれぞれ縦じま，横じま模様の細かさをあらわす。

このように水平と垂直の周波数の組み合わせで考えると，水平周波数 l（= 0, 1, 2, 3）と垂直周波数 k（= 0, 1, 2, 3）に対して，模様は全部で $4 \times 4 =$

16種類ある。これらは「基底画像」とよばれている（下図E）。

さて，式①にもとづき，基底画像どうしの相関を計算すると，たとえば基底画像 ① と ② の相関は，

$$\langle ① , ② \rangle$$

$$= \frac{1}{16} \left| \begin{array}{l} 1\times1+1\times1+1\times(-1)+1\times(-1) \\ +1\times1+1\times1+1\times(-1)+1\times(-1) \\ +1\times1+1\times1+1\times(-1)+1\times(-1) \\ +1\times1+1\times1+1\times(-1)+1\times(-1) \end{array} \right|$$

$$= \frac{1}{16} \left\{ \begin{array}{l} 1+1-1-1+1+1-1-1 \\ +1+1-1-1+1+1-1-1 \end{array} \right\}$$

$$= \frac{1}{16} \times 0 = 0$$

$$\cdots\cdots ②$$

となる。皆さんも実際に計算して，こうなることを確認してみてほしい。ここで，相関が0（ゼロ）になることを「直交」とよんでいる。

さらに，① ～ ⑯ までのすべての相ことなる基底画像どうしの相関を計算してみると，すべて0になる。つまり，基底画像にはすべての相ことなる組み合わせにおいて，「相関が0（直交する）」になっているという性質があるのだ。この性質が，フーリエ変換で最も重要なポイントである。

以上で，相関と直交という二つの極意が，いっぺんに理解してもらえたことになる。

【信号分解・合成】

次に，信号分解・合成についてみてみよう。原画像 ⓧ がF1のようにあたえられているとき，これをEの基底画像の寄せ集めとしてあらわしてみることにする。

F1. 原画像 ⓧ
（右は，左の画像を信号値であらわしたもの）

1	0.6	0.4	0
0.6	1	0	0.4
1	0.6	0.4	0
0.6	1	0	0.4

垂直周波数 k，水平周波数 l の基底画像との相関を a_{kl} とあらわすことにしよう。画像 ① との相関を計算すると，式①より，

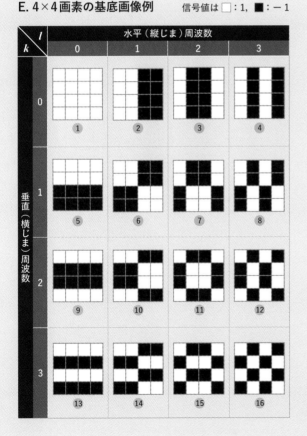

E. 4×4画素の基底画像例　　信号値は □：1，■：－1

	水平（縦じま）周波数			
k \ l	0	1	2	3
0	①	②	③	④
1	⑤	⑥	⑦	⑧
2	⑨	⑩	⑪	⑫
3	⑬	⑭	⑮	⑯

垂直（横じま）周波数

$$a_{00} = \langle \boldsymbol{\times}, \boxed{1} \rangle$$

$$= \frac{1}{16} \left\{ \begin{array}{l} 1\times1+0.6\times1+0.4\times1+0\times1 \\ +0.6\times1+1\times1+0\times1+0.4\times1 \\ +1\times1+0.6\times1+0.4\times1+0\times1 \\ +0.6\times1+1\times1+0\times1+0.4\times1 \end{array} \right\}$$

$$= \frac{1}{16} \left\{ \begin{array}{l} 1+0.6+0.4+0+0.6+1+0+0.4 \\ +1+0.6+0.4+0+0.6+1+0+0.4 \end{array} \right\}$$

$$= \frac{1}{16} \times 8 = 0.5$$

$$\cdots\cdots ③$$

となる。同様に、残りの15種類の基底画像についても計算すると、

$$a_{01} = \langle \boldsymbol{\times}, \boxed{2} \rangle = 0.3,$$
$$a_{02} = \langle \boldsymbol{\times}, \boxed{3} \rangle = 0,$$
$$\cdots\cdots,$$
$$a_{32} = \langle \boldsymbol{\times}, \boxed{15} \rangle = 0,$$
$$a_{33} = \langle \boldsymbol{\times}, \boxed{16} \rangle = 0.2$$

$$\cdots\cdots ④$$

となり、F2 が得られる。

F2. 原画像✕の周波数成分

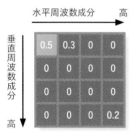

水平周波数成分　高

垂直周波数成分			
0.5	0.3	0	0
0	0	0	0
0	0	0	0
0	0	0	0.2

高

■：直流（DC）成分
■：交流（AC）成分

このように a_{kl} を求める処理が、2次元フーリエ変換による画像の「周波数分解」とよばれ

るものだ。a_{kl} は、基底画像（周波数成分）の割合をあらわしている。なお a_{00} は「直流成分」（DC［Direct Current］成分)、それ以外は「交流成分」（AC［Alternating Current］成分）とよばれる。

また、原画像は次のように、重みづけ総和としてあらわすことができる。

$$原画像 \boldsymbol{\times} = a_{00} \times \boxed{1} + a_{01} \times \boxed{2} + \cdots\cdots + a_{33} \times \boxed{16}$$

$$\cdots\cdots ⑤$$

この式⑤の計算が、2次元フーリエ変換の"逆変換"となる。

まとめると、③〜⑤全体が2次元フーリエ解析であり、これらの式は、「信号の基底画像による分解（フーリエ変換）/合成（フーリエ逆変換）」という物理的な意味をもっていて、周波数成分の計算に相当する。

こうして計算される周波数成分の情報をもとに、画像のデータ圧縮処理も可能になるのである。

データ圧縮と
フーリエ変換

現在、インターネットによる音楽や映像の配信、デジカメや携帯オーディオプレーヤーでは、膨大な量のデジタルデータが使われている。しかし、データ量が大きくなればなるほど、

それを記録・保存したり送信したりする際に時間がかかってしまう。

こんなとき、音・画像に含まれる冗長な（余分な）データを減らすことで、全体のデータ量を小さくすることができる。これにより、データを高速に処理できるようになり、記憶容量も節約できる。音・画像に含まれる冗長な部分を取り除き、データ量を削減することを「データ圧縮」といい、その基本テクニックとして下のようないくつかの原理が使われる（くわしい説明は、ここでははぶく）。

データ圧縮のコツ

① 信号を見る視点をかえる（デジタル信号の回転による座標変換）。

② 信号を「直交変換」（周波数成分分解）する。

③ 同じ値の信号が長くつらなるようにする。

④ 信号の差分を計算する。

⑤ 信号を予測する。

⑥ 人間の耳や目のもつ知覚特性の特徴を逆手にとって、検知しにくい個所の情報を削減する。

フーリエ変換は、②の直交変換の一種である。このような処理は、画像や音声などのデータ量を圧縮するための土台となる

※2：Joint Photographic Coding Experts Group の略称で、静止画像データを圧縮、伸長させる機能を実現する標準規格。インターネット上の画像によく使われるデータ形式。

※3：Moving Picture Coding Experts Group の略称で、リアルタイム（実時間）で動画像と音声データを圧縮、伸長させる機能を実現する標準規格。デジタル・テレビ放送で利用されている。

※4：MPEG Audio Layer-3 の略称で、音声データのデジタル圧縮技術。オーディオ音楽用。

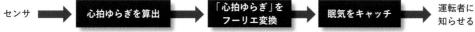

「フーリエ変換」による眠気検出技術

運転者本人も気づかない眠気をすばやくキャッチして安全運転にみちびく「眠気検知技術」にも、フーリエ変換が使われている。その原理を簡単に紹介しよう。

*参考：富士通情報総研

センサ　→　心拍ゆらぎを算出　→　「心拍ゆらぎ」を フーリエ変換　→　眠気をキャッチ　→　運転者に 知らせる

1. 電極を埋めこんだハンドルから、運転者の心拍のデータを取得する。

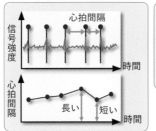

2. 心拍の間隔を算出し、その長短である「心拍ゆらぎ」を分析する。

3. 心拍ゆらぎをフーリエ変換し、周波数解析をする。

4. 一般に、運転者が眠くなると、心拍ゆらぎの周波数が下がる傾向がある。この周波数の変動を、フーリエ変換したデータを使って検知する。

5. 検知したら、ハンドルをガタガタ揺さぶったり、においを出したりして運転者に眠気を伝え、目を覚まさせる。そのうえで、カーナビと連動させて、安全な場所まで誘導する。

考え方だ。実際，JPEG[※2]やMPEG[※3]に代表される画像データ圧縮や，MP3[※4]の音声データ圧縮などに，この原理が応用されている。

視覚の"盲点"を利用する「画像データ圧縮」

では，画像データの圧縮がどのように行われるのか，具体的にみていくことにしよう。まずは，画像のもつ基本的性質から説明する。

データ圧縮をしていない画像データの場合，となりあう画素の変化は少なくなっている（画素どうしの相関はかなり高くなる）。見方をかえると，単位距離あたりの変化の回数であらわされる周波数に関して，低い周波数成分（模様のないもの，大柄な模様のもの，色の変化がほとんどないもの）が多く，高い周波数成分（細かい縞模様のもの，色柄が不規則にかわるもの）が少ないという特徴がある。

静止画像のデータ圧縮では，このような画像の周波数成分のかたよりを積極的に利用して，データ量の削減を図る。そのためには，画像を周波数成分に分解する必要がある。ここで登場するのが，フーリエ変換などの直交変換である。とくに重宝されている直交変換として，フーリエ変換の一種である「DCT（Discrete Cosine Fourier Transform：離散的コサイン・フーリエ変換）」があげられる。

圧縮前の画像を直交変換して周波数成分に分解すると，周波数の低い成分のほうが，高い成分より大きな数値になる。すなわち，直交変換後の周波数成分の分布には，直流（DC）成分をピークとする大きなかたよりがみられる。

そこで，データ圧縮に際して，「直流（DC）成分」とそれ以外の周波数成分である「交流（AC）成分」に分けて，それぞれに最適なデータ圧縮を適用する。さらに，交流成分のうち，高い周波数成分については，画像信号の数値の刻みを粗くする「量子化」という操作を実行し，データ量を削減する（くわしくは165ページ上）。

ここで，人間の視覚特性として，「周波数（画像の模様の細かさの程度）の高低によって感度がことなる」という点に着目しよう。すなわち，<u>人間の視覚には「高い周波数成分に対して鈍感で感度が弱く，低い周波数成分に対して敏感で感度が強い」という視覚の"盲点"がある</u>。これをたくみについて，利用するのだ（→次ページにつづく）。

つまり，直交変換後の周波数成分において，

・低い周波数成分（左上部）は細かい量子化
・高い周波数成分（右下部）は粗い量子化

を実行することになる（下図）。

G. 量子化ステップの数値例

（8×8画素の場合）

水平（縦じま）周波数成分 l

垂直（横じま）周波数成分 k

16	11	10	16	24	40	51	61
12	12	14	19	26	58	60	55
14	13	16	24	40	57	69	55
14	17	22	29	51	87	80	62
18	22	37	57	68	109	103	77
24	35	55	64	81	104	113	92
49	64	78	87	103	121	120	101
72	92	95	98	112	100	103	99

■：直流（DC）成分
■：低周波数成分（細かい量子化をする）
■：高周波数成分（粗い量子化をして「0」とみなすことで，データ量を削減する）

人間の検知しづらい周波数成分は，データを粗くしても支障がないというわけだ。

このように，人間の目の視覚特性を利用する量子化操作は，目立ちにくい周波数領域に量子化誤差を集中させることによって，画像全体としてのデータ圧縮と画質の維持をねらう一石二鳥の手法であるといえる。

ただし，量子化操作によりデータ量は削減できるが，復元画像がぼけたり，ものの形がゆがんだり，「擬似輪郭」とよばれる不自然な線が出たりして，画質劣化はさけられない。そのため，人間の視覚特性とも関連づけて，画質劣化の少ない方法がいろいろと提案されている。

さらに，量子化後の数値に対しても，直交変換後のDC成分，AC成分に対して，162ページで述べた「データ圧縮のコツ」で説明している手法を適用して，さらなる削減を図っている。

なお，パラパラ漫画のように，少しずつずらした静止画像を連続させて時間の流れを表現する「動画像データ」の圧縮では，1枚ごとの静止画像（フレーム）に対しては，前述した手法を適用する。さらに，複数のフレームをまたがる時間的なデータ圧縮処理も同時に行われる。たとえば，「動きの方向や速さなどを察知して，次のフレーム画像を予測する」ということを行い，差分を求めて，動きのある情報だけを送るようにするのだ。

"聴覚の死角"を利用する「音データ圧縮」

音や音声のデータ圧縮も，基本的には，フーリエ変換を適用

実際の画像を使った「フーリエ解析」

（1）原画像

フーリエ変換

（2）周波数成分

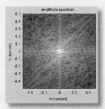

基底画像の一つ

（3）再構成画像

フーリエ逆変換

（4）周波数成分の一部

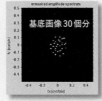

基底画像30個分

アインシュタインの原画像（1）とその周波数成分（2），およびその周波数成分（2）の一部（4）を使って再構成した画像（3）である。（1）から（2）がフーリエ変換，（4）から（3）がフーリエ逆変換だ。

＊画像提供：大澤五住 大阪大学名誉教授

して音に含まれる周波数成分を求めたあと，視覚同様，人間の聴覚特性の死角をたくみについて知覚情報として検知しにくい音の一部を削減することで，効率的なデータ圧縮を実現している。「目くらまし」ならぬ「耳くらまし」の戦法である。

こうした聴覚の心理的な性質は，1970年代にすでに明らかになっていたが，現在のデジタル信号処理技術の急速な進歩により，実用化されるようになった。代表的な音データ圧縮として，MP3，AAC[5]，WMA[6]などの方式が広く利用されている。

※5：Advanced Audio Coding（先進的音響符号化）の略称で，1997年にMPEGにおいて標準化された音声データの圧縮方式。YouTube，iPhone，PlayStationなどで利用されている。
※6：Windows Media Audioの略称で，Microsoft（マイクロソフト）社が開発した音声データの圧縮方式。Windows（ウインドウズ）で，標準的な音声データの形式。

データの「量子化」

量子化の操作を，身近な例でわかりやすく説明しよう。財布に728円あるとき，最大枚数の500円玉と両替するとしたら，「1枚」になる。同様に，50円玉では「14枚」，10円玉では「72枚」となる。このように，

728 ÷ 500＝1 あまり 228，728 ÷ 50＝14 あまり 28，728 ÷ 10＝72 あまり 8

となる剰余計算をして，「728」を商（1，14，72）であらわすことを「量子化」と称する。また，500，50，10は「量子化ステップ」とよばれる。
　逆に，量子化後の数値に量子化ステップを乗じて，それぞれ，

1 × 500＝500，14 × 50＝700，72 × 10＝720

となる計算を「逆量子化」といい，元の数値「728」と逆量子化した数値の差を「量子化誤差」という。
　「728」という3けたの数値を，より小さなけた数であらわすことができたことからわかるように，量子化はデータ量の削減（ビット数を減らすことに相当）に役立つ。なお，量子化ステップの値が大きい値ほど粗い量子化となる。

離散フーリエ変換（DFT）

直交変換は，信号を周波数成分に分解するものであり，フーリエ変換のほか，「ウェーブレット変換」といったものがある。ここでは，デジタル信号の周波数解析によく使われているフーリエ変換のデジタル版「DFT」（Discrete Fourier Transform：離散フーリエ変換）をみてみよう。
　右の a では，コサイン波形の二周期分の信号が，棒グラフとして16個の数値であらわされている。一方，b のフーリエ変換したDFT値では，たった2個の独立な数値だけで，16個のコサイン波形の情報（信号の大きさ，周波数，位相）の相互関係を表現できることがわかる。これは，データ量を $\frac{1}{8}$ 倍に圧縮したことに等価だ。DFTのこのような特徴から，画像や音声を表現するのに必要なデータ量を低減するヒントを見いだすことができる。

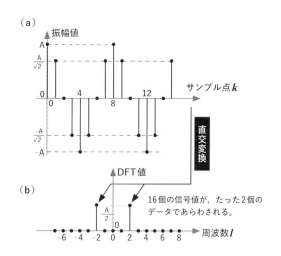

＊ b のグラフのように，負の周波数を用いるフーリエ変換は「複素（ふくそ）フーリエ変換」とよばれる。オイラーの公式（→170ページ）を利用してコサイン波をあらわすと，正の周波数と負の周波数に分かれる。なお，左ページ下の（2）の画像は4分割されているように見えるが，これも明るい点（直流）を中心に，上下左右（水平，垂直周波数）に，正の周波数と負の周波数に分かれている。

もっと知りたい
三角関数

協力・監修　市川温子／小山信也
執筆　水谷 仁（174 〜 191ページ）／和田純夫（192 〜 193ページ）

　三角関数は，紀元前にギリシャで生まれた。本章ではその後めざましい発展をとげ，今や現代科学に必要不可欠な存在となった三角関数の，さらに奥深い世界にせまる。高校から大学程度のややむずかしい内容も含むが，ぜひ挑戦してみてほしい。きっと，三角関数のもつ"威力"を感じられるはずだ。

数学者たちが発見した三角関数の不思議な性質

　三角関数は中世以降の数学者たちによって深く研究され，その奥深い性質を解き明かされた。たとえば5章で解説した「フーリエ解析」も，そうした研究による成果である。

　インドのマーダヴァ（1340ごろ～1425）や，イギリスのアイザック・ニュートン（1642～1727），ドイツのゴットフリート・ライプニッツ（1646～1716）も，三角関数に取り組んだ数学者の一人だ。彼らは，**サインとコサインがそれぞれ，右ページに示すような無限につづく数式であらわせることを独自に発見したのである。**

規則正しい「無限につづく数式」

　まず，サインの式（右ページ上段）をみてみよう。右辺の最初の項は，「x」である。次の項は，分子がxの3乗，分母は3×2×1（3の階乗）だ。その次の項は，分子がxの5乗，分母は5×4×3×2×1（5の階乗）である。つまり，項が進むごとに3，5，7…と奇数が順序よくあらわれ，また正負が交互に入れ替わっている。

　そして，コサインの式（下段）のほうは，項が進むごとに2，4，6…と偶数が順序よくあらわれ，正負が交互に入れ替わっている。このように，**サインとコサインの数式は，美しい規則性をもっているのだ。**

　なお，これらの数式のxに，弧度法（80ページ参照）であらわした角度を入れれば，それに対するサインやコサインの値が計算によって得られる。

アイザック・ニュートン
「万有引力（ばんゆういんりょく）の法則」を発見した物理学者であり，すぐれた数学者でもあったニュートンは，ヨーロッパの数学者としてはじめて，三角関数が無限につづく多項式であらわせることを示した。なお，微分・積分の基本定理を発見しその基礎を築いたことが，ニュートンの数学者としての最も重要な業績である。

ゴットフリート・ライプニッツ
ニュートンと同じ時代を生きたライプニッツは，ニュートンとは独立して，ほぼ同じ時期に微分・積分の基本定理を発見していた。どちらが先に発見していたかをめぐって，ライプニッツとニュートンははげしく争ったという。三角関数をあらわす多項式についても独自に研究し，ニュートンと同じ結論に達していた。

三角関数を研究した数学者たちは，$\sin x$ と $\cos x$ が，下に示した数式であらわせることを見いだした。
　なお，関数を無限につづく多項式であらわすことを「テイラー展開」という。これは，数学者ブルック・テイラー（1685 ～ 1731）の名にちなむ（→174ページ）。

サインをあらわす数式

$$\sin x = x - \frac{x^3}{3 \times 2 \times 1}$$

$$+ \frac{x^5}{5 \times 4 \times 3 \times 2 \times 1}$$

$$- \frac{x^7}{7 \times 6 \times 5 \times 4 \times 3 \times 2 \times 1}$$

$$+ \cdots\cdots$$

コサインをあらわす数式

$$\cos x = 1 - \frac{x^2}{2 \times 1}$$

$$+ \frac{x^4}{4 \times 3 \times 2 \times 1}$$

$$- \frac{x^6}{6 \times 5 \times 4 \times 3 \times 2 \times 1}$$

$$+ \cdots\cdots$$

三角関数と指数関数を結びつける「オイラーの公式」

レオンハルト・オイラー（1707～1783）は，並はずれた数学の才能と計算能力をもつ，スイス生まれの数学者である。三角関数を深く研究したオイラーは，"ある公式"にたどりついた。本節では，アメリカの物理学者リチャード・ファインマン（1918～1988）が「人類の至宝」とたたえたその公式を紹介しよう。

オイラーは，「指数関数」とよばれる関数 e^x が，無限につづく数式の形に直せることに注目した（右ページA）。e は「自然対数の底」とよばれる数で，$e = 2.718…$である。

この数式の二つ目の項は，x（の1乗）だ。次の項は，分子は x の2乗，分母は $2 × 1$（2の階乗）である。その次の項は，分子が x の3乗で，分母は $3 × 2 × 1$（3の階乗）である。この規則性は，前節でみた三角関数をあらわす数式によく似ている。

存在しないはずの「虚数」が三角関数と指数関数を結ぶ

ここで登場するのが，同じくオイラーがくわしく研究した「虚数」である。虚数とは，「2乗するとマイナスになる数」のことだ。マイナスの数を2乗すると必ずプラスになるので，本来なら虚数など存在しないはずだ。しかし，虚数があればどんな2次方程式にも答えを出せることなどから，数学者たちは虚数を認めるようになった。

オイラーは，$i^2 = -1$ となる i を「虚数単位」と定めた。そして，i を使うと，本来無関係のはずの三角関数と指数関数が，不思議なことに一つの数式「$e^{ix} = \cos x + i \sin x$」によって結ばれることを発見したのだ。これが，「オイラーの公式」である（右ページD）。

この式の x に円周率 π を入れると，$\cos \pi = -1$，$\sin \pi = 0$ なので，等式 $e^{i\pi} = -1$ が成り立つ。式を変形すれば，「$e^{i\pi} + 1 = 0$」となる。これが「オイラーの等式」である（右ページE）。

このように，e，i，π，1，0 という，由来のことなる五つの数が簡潔に結ばれたオイラーの等式は，数学で最も重要な公式の一つであり，「世界で最も美しい数式」とよばれている。

オイラーの公式・オイラーの等式

右ページに，三角関数と指数関数をあらわす数式から，オイラーの公式がみちびかれる過程を示した。またオイラーの等式は，オイラーの公式に円周率 π を代入し，両辺に1を足すことで得られる。つまりオイラーの公式は，実数の世界では無関係だった指数関数と三角関数が，虚数を通じて表裏一体にあったことを示したのだ。この公式は，現代の科学者がさまざまな計算を楽に行う際の必需品となっている。

A. 指数関数 e^x をあらわす数式

$$e^x = 1 + x + \frac{x^2}{2 \times 1} + \frac{x^3}{3 \times 2 \times 1} + \frac{x^4}{4 \times 3 \times 2 \times 1} + \cdots\cdots$$

B. $\sin x$ をあらわす数式

$$\sin x = x - \frac{x^3}{3 \times 2 \times 1} + \frac{x^5}{5 \times 4 \times 3 \times 2 \times 1} - \frac{x^7}{7 \times 6 \times 5 \times 4 \times 3 \times 2 \times 1} + \cdots\cdots$$

C. $\cos x$ をあらわす数式

$$\cos x = 1 - \frac{x^2}{2 \times 1} + \frac{x^4}{4 \times 3 \times 2 \times 1} - \frac{x^6}{6 \times 5 \times 4 \times 3 \times 2 \times 1} + \cdots\cdots$$

D. オイラーの公式

$$e^{ix} = \cos x + i \sin x$$

E. オイラーの等式（x を π としたときのオイラーの公式）

$$e^{i\pi} + 1 = 0$$

オイラーの公式のみちびき方

$$e^{ix} = 1 + \frac{ix}{1} + \frac{(ix)^2}{2 \times 1} + \frac{(ix)^3}{3 \times 2 \times 1} + \frac{(ix)^4}{4 \times 3 \times 2 \times 1} + \frac{(ix)^5}{5 \times 4 \times 3 \times 2 \times 1} + \cdots\cdots$$

$$= 1 + \frac{ix}{1} - \frac{x^2}{2 \times 1} - \frac{ix^3}{3 \times 2 \times 1} + \frac{x^4}{4 \times 3 \times 2 \times 1} + \frac{ix^5}{5 \times 4 \times 3 \times 2 \times 1} + \cdots\cdots$$

$$= \left(1 - \frac{x^2}{2 \times 1} + \frac{x^4}{4 \times 3 \times 2 \times 1} + \cdots\cdots \right)$$

$$+ i \left(x - \frac{x^3}{3 \times 2 \times 1} + \frac{x^5}{5 \times 4 \times 3 \times 2 \times 1} + \cdots\cdots \right)$$

$$= \cos x + i \sin x$$

近代数学の基礎を築いた天才数学者
レオンハルト・オイラー

レオンハルト・オイラーは，1707年にスイスのバーゼルで生まれた。オイラーは数学好きの牧師であった父から数学を教わったが，父自身は将来牧師になってほしいと思っていたため，オイラーは大学で，数学のほかに神学とヘブライ語を勉強した。

大学（バーゼル大学）でオイラーに数学を教えたのは，数学者ヨハン・ベルヌーイ（1667〜1748）であった。ヨハンの息子は，ニコラウス・ベルヌーイ（1695〜1726）およびダニエル・ベルヌーイ（1700〜1782）であり，彼ら兄弟とオイラーは大の仲良しになった（兄弟はともに数学者であった）。

父はオイラーに牧師になる道を選ぶように忠告したが，オイラーは数学の研究をつづけたかった。ベルヌーイ家の人々はオイラーの父に，オイラーが大数学者となる運命にあると説き，父もついに説得に応じた。

当時のヨーロッパでは学問の中心は大学ではなく，王の援助する王立アカデミーにあった。ベルヌーイ兄弟は，1725年からロシアのペテルブルグ科学アカデミーの数学教授をしており，そこへオイラーを招いた。1727年，オイラーはダニエル・ベルヌーイのはからいで数学部のポストを得た。しかし，ダニエルが体を悪くして1733年にスイスへ帰ったため，オイラーは数学部の重要なポストに就くことができた。

オイラーはペテルブルグで結婚し，13人の子をもうけた。またオイラーは数学の世界においても"多産"であり，書き終えた論文を次々と机の上に積み上げていった。そのため，印刷のスピードが追いつかなかったほどだったという。

1741年，オイラーはフリードリッヒ大王に招かれ，ドイツのベルリンに移った。しかし，大王は生かじりの哲学を好み，哲学ぎらいのオイラーをからかった。ベルリンに嫌気がさしたオイラーは，1766年にエカテリーナ2世に招かれたのを機会に，ペテルブルグへともどった。

失明しても
なお研究をつづけた

1735年ころ，「秤動」の問題に熱中したオイラーは，右目の視力をなくしていた。さらに，視力を回復するために行った手術が失敗し，左目も失明してしまった。それでもなお，オイラーは研究をつづけた。

オイラーの仕事は多方面にわたっていた。まず第一に，教科書の執筆があった。1748年に，オイラーは代数，三角法，微分積分学の教科書である『無限解析序論』を書いた。また，『微分学原理』（1755），『積分学原理』（1768〜1770），『あたえられた条件を満たす極大極小面を見いだす方法』（1744），『力学』（1736）の教科書も有名で，後世に大きな影響力を残した。

オイラーは，次に述べる二つの問題を解くことによって，「位相幾何学（トポロジー）」とよばれる学問の創始者となった。

第一の問題は，一筆書きの問題である。プロイセンのケーニヒスベルクの街は，川によって四つの地域に分けられており，これらを結ぶために，川には七つの橋が架けられていた。そして，街には「同じ橋を二度渡ることなく，全部を渡ることはできない」という言い伝えがあった。これを聞いたオイラーは，そこには重要な原理が含まれていると感じ，その原理を式にあらわしてこの問題を解いた。

第二の問題は，多面体の問題である。この問題を研究したオイラーは，多面体では，辺の数に2を加えた数は，頂点の数と面の数の和になるという「多面体定理」を証明した※。

これら二つの問題は，図形や空間を連続的にどのように変形していっても問題の本質がかわらない。このような分野における数学が，位相幾何学である。

※：ここでいう多面体は，正多面体でなくてもよい（正多面体とはかぎらず，穴のない多面体であればよい）。

レオンハルト・オイラー

三角関数は虚数と結びつき さらに強力になる

執筆　水谷　仁

本節では，三角関数の性質をさらに深く追求してみよう。最終的には高度なレベルに達するが，ここで述べられている式をゆっくりと追っていけば必ず理解できる。そうすれば，今までより高いレベルから三角関数を俯瞰（ふかん）できるようになるだろう。

三角関数の性質の面白さを追求していくと，オイラーの公式[1]に到達する。オイラーの公式を理解するためには，三角関数の「テイラー展開[2]」とよばれるものを知っておくと理解が早くなる。そこで，最初はテイラー展開について学んでおくことにしよう。

関数を無限個の足し算であらわす「テイラー展開」

まずは，三角関数でなく，一般的な関数 $f(x)$ のテイラー展開を考えてみよう。右ページ上には，ある関数 $f(x)$ のグラフをえがいた（右ページA）。$x = x_0$ における y 軸の値は，$f(x_0)$ である。x_0 から少し離れた点 x における y 軸の値は，$(x_0, f(x_0))$ を通る接線にきわめて近いところにあると考えられるので，x が x_0 に近いところでは，

$$f(x) = f(x_0) + f'(x_0)(x - x_0) \qquad \cdots\cdots ①$$

と近似（きんじ）できることが予想される。

$x = x_0$ よりも離れた点における $f(x)$ について，もう少し正確な近似式を得るために，

$$f(x) = f(x_0) + f'(x_0)(x - x_0) + R_2(x - x_0)^2 + R_3(x - x_0)^3 + \cdots \qquad \cdots\cdots ②$$

と置いてみよう。この式で，R_2, R_3, …はこれから決める未知の定数だ。この式の両辺を x で微（び）分（ぶん）すれば，

$$f'(x) = f'(x_0) + 2R_2(x - x_0) + 3R_3(x - x_0)^2 + \cdots + nR_n(x - x_0)^{n-1} + \cdots \qquad \cdots\cdots ③$$

となる[3]。この式に，$x = x_0$ を代入すると，$(x - x_0)$ のついた項，つまり2項目以下はすべて0となるので，

$$f'(x_0) = f'(x_0)$$

となり，②の設定に矛盾がなかったことがわかる。

③をもう一度 x で微分した関数を $f''(x)$ とすれば，

$$f''(x_0) = 2R_2 + 3 \cdot 2R_3(x - x_0) + \cdots + n(n-1)R_n(x - x_0)^{n-2} + \cdots \qquad \cdots\cdots ④$$

となる。R_2 を求めるために，④に $x = x_0$ と代入してみると，またもや $(x - x_0)$ のついた項はすべてゼロ（0）になるので，

$$f''(x_0) = 2R_2$$

すなわち，

$$R_2 = \frac{1}{2}f''(x_0) \qquad \cdots\cdots ⑤$$

が得られる。同様に，④をもう一度微分してみよう。すると，

$$f'''(x) = 3 \cdot 2 \cdot 1 R_3 + \cdots + n(n-1)(n-2) R_n(x - x_0)^{n-3} + \cdots \qquad \cdots\cdots ⑥$$

この式に，前回と同様に $x = x_0$ を代入してみると，

$$f'''(x) = 3 \cdot 2 \cdot 1 R_3$$

が得られる。すなわち

$$R_3 = \frac{1}{3 \cdot 2 \cdot 1} f'''(x_0) \qquad \cdots\cdots ⑦$$

を得ることができる。同じ操作

※1：あとでくわしく説明するが，オイラーの公式とは，「$e^{ix} = \cos(x) + i\sin(x)$」のことである。ここで，$i$ は虚数単位，すなわち，$i^2 = -1$ を満たす数のことをさす。

※2：イギリスの数学者ブルック・テイラー（1685 ～ 1731）が最初にみちびいたため，その名前がつけられた。テイラーは，ライプニッツやベルヌーイ，オイラーと同時代の人である。この級数の威力は長い間無視されていたが，1772年，ラグランジェによってその重要性が認識され，「微分数学の基礎」と称された。

A. 関数 $f(x)$ を，接線の傾きを使って近似する

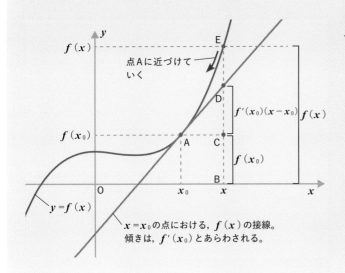

$f(x)$

点Aに近づけていく

E

D

$f'(x_0)(x-x_0)$

$f(x)$

$f(x_0)$

A

C

$f(x_0)$

O

x_0

B

x

x

$y=f(x)$

$x=x_0$ の点における，$f(x)$ の接線。
傾きは，$f'(x_0)$ とあらわされる。

関数 $f(x)$ を近似する方法を考える。まず，点A $(x_0, f(x_0))$ における接線を引く。$f(x)$ を微分した関数を $f'(x)$ とすると，接線の傾きは $f'(x_0)$ となる。

　ここで，△ACDに注目する。辺ACの長さは $(x-x_0)$ で，辺ADの傾きは $f'(x_0)$ である。よって，辺CDの長さは次のようになる。

$$f'(x_0)(x-x_0)$$

　点Aの座標は $(x_0, f(x_0))$ であることから，辺BCの長さは「$f(x_0)$」である。よって，辺BDの長さは次のようになる。

$$f(x_0) + f'(x_0)(x-x_0)$$

　一方，辺BEの長さは $f(x)$ である。ここで，点Eを点Aに近づけていくと，イラストから辺BDの長さと辺BEの長さは近づいていくことがわかる。つまり，x が x_0 に近いところでは，

$$f(x) = f(x_0) + f'(x_0)(x-x_0)$$

となる。

を次々とくりかえしていくと，

$$R_n = \frac{1}{n!} f^{(n)}(x_0)$$

$$\cdots\cdots ⑧$$

が得られる。ここで，$f^{(n)}(x)$ は関数 $f(x)$ を n 回微分した関数をあらわす。ただし，

$$n! = n \cdot (n-1) \cdot (n-2) \cdot \cdots \cdot 2 \cdot 1$$

$$\cdots\cdots ⑨$$

である。これを「n の階乗」という。こうして，すべての R が求められるので，その結果を②に書き入れると，次の式が得られることがわかる。

$$
\begin{aligned}
f(x) &= f(x_0) \\
&+ f'(x_0)(x-x_0) \\
&+ \frac{1}{2} f''(x_0)(x-x_0)^2 \\
&+ \frac{1}{3\cdot2\cdot1} f'''(x_0)(x-x_0)^3 + \cdots \\
&+ \frac{1}{n!} f^{(n)}(x_0)(x-x_0)^n + \cdots
\end{aligned}
$$

$$\cdots\cdots ⑩$$

これが，$f(x)$ を x のべき級数[※4]で展開した「テイラー展開」とよばれるものである。⑩に $x_0 = 0$ と代入すれば，次のように簡単な形になる。

$$
\begin{aligned}
f(x) &= f(0) + f'(0) x \\
&+ \frac{1}{2} f''(0) x^2
\end{aligned}
$$

$$
\begin{aligned}
&+ \frac{1}{3\cdot2\cdot1} f(0) x^3 \\
&+ \cdots + \frac{1}{n!} f^{(n)}(0) x^n + \cdots
\end{aligned}
$$

$$\cdots\cdots ⑪$$

これは「マクローリン展開」とよばれる。すなわち，どんな関数でも $x = 0$ におけるその関数の値と，その関数の微分値があたえられると，x の級数であらわすことができるという式が得られたことになるのである。

サイン関数をマクローリン展開してみよう

　では，最初に $\sin(x)$ をマクローリン展開してみよう。その展開には，$\sin(x)$ の微分が必

※3：くわしい証明ははぶくが，一般的に「$y = x^n$」を微分すると，「$y = nx^{n-1}$」の形になる。つまり，微分するにしたがって，x の右肩に乗っていた数字が，x の前に出てきて，右肩の数字は1だけ小さくなるのである。　また，定数を微分すると，その結果は「0」になる。そのため，第1項目の $f(x_0)$ を微分すると，その結果は「0」に，第2項目の $f'(x_0)(x-x_0)$ を微分すると，その結果は「$f'(x_0)$」となる。それ以降の項も，同様に計算することができる。
※4：べき級数の"べき"とは，「べき乗（べきじょう）」または「累乗（るいじょう）」のことである。

要だが，それは，

1階微分：$\{\sin(x)\}'$
$\qquad = \cos(x)$

2階微分：$\{\sin(x)\}''$
$\qquad = \{\cos(x)\}$
$\qquad = -\sin(x)$

3階微分：$\{\sin(x)\}'''$
$\qquad = -\{\sin(x)\}'$
$\qquad = -\cos(x)$

4階微分：$\{\sin(x)\}''''$
$\qquad = -\{\cos(x)\}$
$\qquad = \sin(x)$

$\cdots\cdots$ ⑫

である[※5]。つまり，$\sin(x)$ を2回微分すると元の関数「$\sin(x)$」にマイナス1を掛けたものになり，4回微分すると元の「$\sin(x)$」にもどるのだ。これさえわかれば，$\sin(x)$ を5回でも6回でも，何度でも簡単に微分できるだろう。

そこで，これを使って $x = 0$ のときの $\sin(x)$ の微分値を順に求めてみよう。$\sin(0) = 0$，$\cos(0) = 1$ であることに注意すれば，次のようになる。

1階微分値：$\cos(0) = 1$
2階微分値：$-\sin(0) = 0$
3階微分値：$-\cos(0) = -1$
4階微分値：$\sin(0) = 0$

$\cdots\cdots$ ⑬

これらを⑪に代入すれば，$\sin(x)$ のマクローリン展開が得られる。

$$\sin(x) = x - \frac{1}{3!}x^3 + \frac{1}{5!}x^5 - \frac{1}{7!}x^7 + \cdots$$

$\cdots\cdots$ ⑭

このマクローリン展開がどれくらいすばらしいものであるか，実例でお見せしよう。下の B は，$x = \frac{\pi}{6}$（30°），$\frac{\pi}{3}$（60°），$\frac{\pi}{2}$（90°）の四つの値に対して，4次までのべき級数を足しあわせたものだ。4次の項はすでにかなり小さいので，実際の計算では3次までの計算でもかなりよいサインの近似値が得られていることがわかる。

コサイン関数をマクローリン展開してみよう

次に，$\cos(x)$ をマクローリン展開してみよう。$\cos(x)$ の微分は，すでに求めている。すなわち，$\sin(x)$ の2階微分が，$\cos(x)$ の1階微分になっているので，⑫を1段くり上げて書けば，それが$\cos(x)$ の微分に

B. マクローリン展開で求めた三角関数の値と実際の値を比較

1. $\sin(x) = x - \frac{1}{3!}x^3 + \frac{1}{5!}x^5 - \frac{1}{7!}x^7 + \cdots$

角度	x	$-\frac{1}{3!}x^3$	$\frac{1}{5!}x^5$	$-\frac{1}{7!}x^7$	左の四つの項の和	実際の$\sin x$の値
30°（$\frac{\pi}{6} = 0.524$）のとき	0.524	-0.024	0.000	-0.000	0.500	0.500
60°（$\frac{\pi}{3} = 1.047$）のとき	1.047	-0.191	0.010	-0.000	0.866	0.866
90°（$\frac{\pi}{2} = 1.571$）のとき	1.571	-0.646	0.080	-0.005	1.000	1.000

2. $\cos(x) = 1 - \frac{1}{2!}x^2 + \frac{1}{4!}x^4 - \frac{1}{6!}x^6 + \cdots$

角度	1	$-\frac{1}{2!}x^2$	$\frac{1}{4!}x^4$	$-\frac{1}{6!}x^6$	左の四つの項の和	実際の$\cos x$の値
30°（$\frac{\pi}{6} = 0.524$）のとき	1.000	-0.137	0.003	-0.000	0.866	0.866
60°（$\frac{\pi}{3} = 1.047$）のとき	1.000	-0.548	0.050	-0.000	0.502	0.500
90°（$\frac{\pi}{2} = 1.571$）のとき	1.000	-1.234	0.254	-0.021	0.001	0.000

1では，実際の$\sin x$の値と，「$y = \sin x$」をマクローリン展開した式から求められる値とをくらべた。

左端の列は，x の値（$\frac{\pi}{6}$，$\frac{\pi}{3}$，$\frac{\pi}{2}$）である。そして，2〜5列目が，マクローリン展開の計算の値である。6列目は，2〜5列目までの和を記したものだ。7列目は，それぞれの x に対する$\sin$の実際の値である。6列目と7列目とのちがいが，マクローリン展開を最初の4項（計算結果が0となる項ははぶく）までに限ったことによる差だ。おどろくべきことに，最初の3項だけで，かなり正確なサイン関数の値が求まることがわかる。

2は同様に，実際の$\cos x$の値と，「$y = \cos x$」をマクローリン展開した式から求められる値とをくらべた。

相当する。つまり,

1階微分：$\{\cos(x)\}'$
$= -\sin(x)$
2階微分：$\{\cos(x)\}''$
$= -\{\sin(x)\}'$
$= -\cos(x)$
3階微分：$\{\cos(x)\}'''$
$= -\{\cos(x)\}'$
$= \sin(x)$
4階微分：$\{\cos(x)\}''''$
$= \{\sin(x)\}$
$= \cos(x)$

…… ⑮

となる。

　このように，$\cos(x)$ もサイン関数と一緒で，2回微分すると，元の関数にマイナス1を掛けたものになり，4回微分すると元の関数にもどってくるという性質がある。このことから，$\sin(x)$ のテイラー展開で行ったのと同じように，$x = 0$ における $\cos(x)$ の微分値を，簡単に求めることができる。

1階微分値：$-\sin(0) = 0$
2階微分値：$-\cos(0) = -1$
3階微分値：$\sin(0) = 0$
4階微分値：$\cos(0) = 1$

…… ⑯

これらを⑪に代入すれば,

$$\cos(x) = 1 - \frac{1}{2!}x^2 + \frac{1}{4!}x^4 - \frac{1}{6!}x^6 + \cdots$$

…… ⑰

ブルック・テイラー
オイラーやベルヌーイ，ライプニッツなどと同時代のイギリスの数学者。テイラー展開を最初にみちびいた人物として知られる。

という式になる。

　このマクローリン展開の威力も，実際に計算して確かめてみよう。サインのときと同様に，計算した結果を**B**に示した。こちらも，最初の4項までの計算で，かなり正確な値を得られることがわかる。

指数関数をマクローリン展開してみよう

　三角関数の微分には，2回微分すると元の関数にマイナス1を掛けたものになるという，とても面白い性質があった。それと似て，さらに興味深い関数が「指数関数」である。指数関数もその名のとおり，関数の一種である。

　指数とは何だろうか。たとえば，10,000という数は「10を4回掛けあわせた数（$= 10 \times 10 \times 10 \times 10$）」とみなすことができる。このときの10を「底」といい，4を「指数」という。つまり指数とは，底となる数を「何回掛けあわせるか（何乗するか）」を指定する数のことなのだ。たとえば，x を入力すると 10^x を返してくれる関数は，「10を底とする指数関数」ということになる。10^x の値は，x がふえるとねずみ算式に増加する（グラフは次ページ**C**）。

※5：微分すると，その関数は「階層がかわる」という意味で，n 回微分した関数のことを「n 階微分」もしくは「n 階導関数」とよぶ。なお三角関数の微分は，100ページでくわしく解説している。

指数関数は，自然界にみられるさまざまな現象や私たち人間の経済活動など，いたるところにひそんでいる。なかでも，無理数である「e」（自然対数の底，2.71828…）を底とする指数関数「e^x」は，自然科学や経済の研究の中にたびたび顔を出す。では，「$y = e^{ax}$」という指数関数を微分してみよう[※6]。

1階微分：$(e^{ax})' = ae^{ax}$
2階微分：$(e^{ax})'' = a^2 e^{ax}$
3階微分：$(e^{ax})''' = a^3 e^{ax}$
4階微分：$(e^{ax})'''' = a^4 e^{ax}$

…… ⑱

すなわち，指数関数は微分すると元の関数に a を掛けるだけでよいという，たぐいまれな性質をもっているのだ。さらに，$x = 0$ のときの指数関数は，

$$f(0) = e^{a \cdot 0} = 1$$

であるので，指数関数の $x = 0$ における微分の値は，次のようになる。

1階微分値：$ae^{a \cdot 0} = a$
2階微分値：$a^2 e^{a \cdot 0} = a^2$
3階微分値：$a^3 e^{a \cdot 0} = a^3$
4階微分値：$a^4 e^{a \cdot 0} = a^4$

…… ⑲

これらを⑪に代入すると，「$y = e^{ax}$」のマクローリン展開が得られる。

$$e^{ax} = 1 + ax + \frac{a^2}{2!}x^2 + \frac{a^3}{3!}x^3 + \frac{a^4}{4!}x^4 + \frac{a^5}{5!}x^5 + \cdots$$

…… ⑳

ここで，a を虚数単位「i」と置いてみよう。i は，$i^2 = -1$ と定義される。この定義を使って「i^n」を計算していくと，次のようになる。

$$i^1 = i, \qquad i^2 = -1,$$
$$i^3 = -i, \qquad i^4 = 1$$

…… ㉑

C. 指数関数 e^x のグラフ

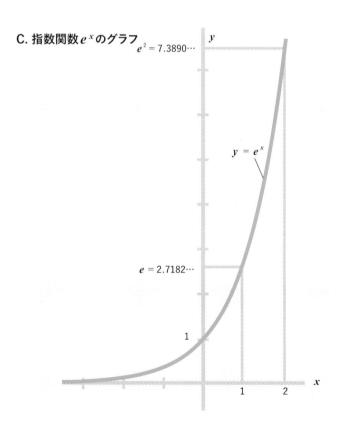

$e^2 = 7.3890\cdots$

$y = e^x$

$e = 2.7182\cdots$

こうしてみると，偶数回微分したときの値は1か−1であり，奇数回微分したときの値は i か $-i$ になっていることがわかる。

このことをふまえて，⑳に「$a = i$」を代入すると，

$$e^{ix} = 1 + ix - \frac{1}{2!}x^2 - i\frac{1}{3!}x^3 + \frac{1}{4!}x^4 + i\frac{1}{5!}x^5 - \cdots$$

…… ㉒

となる。上の式で，1項目，3項目，5項目…のときは実数で，2項目，4項目，6項目…のときは虚数になるので，偶数項と奇数項を分けて書くと，次のようになる。

※6：「$e^{ax} \fallingdotseq 1 + ax$」と近似できることを知っていれば，指数関数 e^{ax} の微分は，微分の定義式（103ページの式①）よりただちに得られる。ぜひ，挑戦してみてほしい。

D. オイラーの等式
（オイラーの公式で $x = \pi$ の場合）

自然対数の底
「$e = 2.7182\cdots$」
オイラーが定義した数。記号 e は，オイラーが自分の名前（Euler）からとったといわれる。無理数であることが証明されている。

虚数単位「i」
「2乗すると -1 になる数」として，オイラーが定義した虚数単位。虚数単位を実数倍したものが虚数である。

インドで発明された
無の数「0」
6世紀ころにインドで発明された，「無」をあらわす数。どんな数に0を足しても，元の数のままとなることから，0は「足し算の単位元（たんいげん）」とよばれることもある。

円周率「$\pi = 3.1415\cdots$」
円周を直径で割って得られる値。無理数であることが証明されている。記号 π はオイラーが定着させた。

最も基本的な自然数「1」
最小の自然数。どんな数に1を掛けても，元の数のままとなるため，「かけ算の単位元」とよばれることもある。

$$e^{ix} = 1 - \frac{1}{2!}x^2 + \frac{1}{4!}x^4$$
$$- \frac{1}{6!}x^6 + \cdots$$
$$+ i\left(x - \frac{1}{3!}x^3 + i\frac{1}{5!}x^5\right.$$
$$\left. - \frac{1}{7!}x^7 + \cdots\right)$$
$$\cdots\cdots ㉓$$

これが，指数関数のマクローリン展開である。**なんだか，三角関数のマクローリン展開と似ていることに気がつかないだろうか。**

3個のマクローリン展開を
比較してみよう

上で求めたサイン，コサイン，指数関数のマクローリン展開の

結果をまとめてみよう。

$$\sin(x) = x - \frac{1}{3!}x^3 + \frac{1}{5!}x^5$$
$$- \frac{1}{7!}x^7 + \cdots$$
$$\cos(x) = 1 - \frac{1}{2!}x^2 + \frac{1}{4!}x^4$$
$$- \frac{1}{6!}x^6 + \cdots$$

そして，

$$e^{ix} = 1 - \frac{1}{2!}x^2 + \frac{1}{4!}x^4$$
$$- \frac{1}{6!}x^6 + \cdots$$
$$+ i\left(x - \frac{1}{3!}x^3 + i\frac{1}{5!}x^5\right.$$
$$\left. - \frac{1}{7!}x^7 + \cdots\right)$$

である。こうして三つの式を並べてみると，「e^{ix}」の実数部は「$\cos x$」と同じ足し算に，虚数部は「$\sin x$」と同じ足し算になっていることがわかる。したがって，

$$e^{ix} = \cos(x) + i\sin(x)$$
$$\cdots\cdots ㉔$$

が成り立つことがわかる。これは，三角関数が指数関数と密接な関係があることを示すものであり，この式を最初にみちびいた18世紀最大の数学者であり物理学者でもあったレオンハルト・オイラーの名前をとって「オイラーの公式」とよばれる（→次ページにつづく）。

オイラーの公式は数学，物理学のあらゆるところで使われており，アメリカの物理学者リチャード・ファインマンはこの式を「我々の至宝，かつ，すべての数学の中で最もすばらしい公式」とよんだ。

また式㉔のxにπを代入すれば，

$$\cos(\pi) = -1, \quad \sin(\pi) = 0$$

$$\cdots\cdots ㉕$$

より，

$$e^{i\pi} = -1$$

が得られる。両辺に1を足すと，

$$e^{i\pi} + 1 = 0$$

$$\cdots\cdots ㉖$$

となる。ここには，数学の最も重要な要素である，0，1，π，e，i がすべて含まれており，非常に美しい式となっている。この等式は「オイラーの等式」とよばれる。

また，オイラーの公式の(x)に$(-x)$を代入すると，

$$e^{i(-x)} = \cos(-x) + i\sin(-x)$$

である。85ページでみたように，

$$\cos(-x) = \cos(x),$$
$$\sin(-x) = -\sin(x)$$

なので，

$$e^{-ix} = \cos(x) - i\sin(x)$$

$$\cdots\cdots ㉗$$

となる。そこで，㉔と㉗の和と差からそれぞれ，

$$\cos(x) = \frac{e^{ix} + e^{-ix}}{2}$$

$$\sin(x) = \frac{e^{ix} - e^{-ix}}{2i}$$

$$\cdots\cdots ㉘$$

をみちびける。こうしてみると，三角関数と指数関数は似たものどうしともいえる。

オイラーの公式から ド・モアブルの定理をみちびく

オイラーの公式（㉔）のxをnxと書きかえると，

$$e^{i\cdot nx} = \cos(nx) + i\sin(nx)$$

$$\cdots\cdots ㉙$$

となる。一方，左辺の指数関数は，

$$e^{i\cdot nx} = (e^{ix})^n$$
$$= \{\cos(x) + i\sin(x)\}^n$$

$$\cdots\cdots ㉚$$

とあらわすことができることから，結局，次の式を得ることができる。

$$\{\cos(x) + i\sin(x)\}^n$$
$$= \cos(nx) + i\sin(nx)$$

$$\cdots\cdots ㉛$$

E. 複素平面

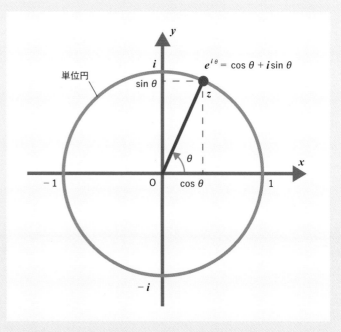

オイラーの公式とド・モアブルの公式を，図であらわした。この図では，x軸が「実数軸」，y軸が「虚数軸」になっている。この二つの軸でつくられる平面を「複素平面」とよぶ。

この式のことを，オイラーよりも先にそれをみちびいていたフランス生まれのイギリスの数学者ド・モアブルの名前をとって，「ド・モアブルの公式」という。この式は，**コサイン，サインを複素数であらわしておくと，その n 乗がコサイン，サインの x を n 倍したものであらわされる**というものだ。

オイラーの公式をグラフにあらわしてみよう

オイラーの公式とド・モアブルの公式を，さらにくわしくみていこう。㉔であらわされるオイラーの公式を「複素平面」上であらわすと，Ｅのような図になる。複素平面とは，実数と虚数が足しあわされてできる「複素数」（実数の部分を「実部」，虚数の部分を「虚部」という）をあらわすことができる平面で，ここでは x 軸が実数を，y 軸が虚数をあらわしている。半径１の上にある点 z が，

$$z = e^{i\theta} = \cos(\theta) + i\sin(\theta)$$
$$\cdots\cdots ㉜$$

をあらわす。

ド・モアブルの公式から，

$$z^n = \cos(n\theta) + i\sin(n\theta)$$

であることから，z^n は，元の θ を n 倍にした円周上の点にあることがわかる。これを使えば，「円周を n 個に等分割する」にはどうしたらよいかがすぐにわかる。

たとえば，$n = 3$ の場合を例に考えてみよう。これは，円周を３等分するには，どうすればよいか，という問題に言いかえることができる。このため，

$$z^3 = 1 \qquad\qquad \cdots\cdots ㉝$$

という方程式を解けばよい。

F. ド・モアブルの公式を使って方程式を解く

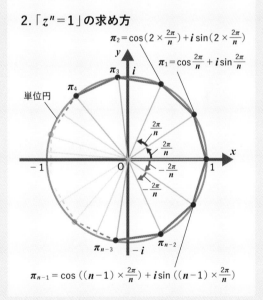

1.「$z^3 = 1$」の求め方

$\pi_1 = -\frac{1}{2} + i\frac{\sqrt{3}}{2}$

単位円

$-\frac{1}{2}$，$\frac{\sqrt{3}}{2}$，$\frac{2\pi}{3}$，$-\frac{2\pi}{3}$，$-\frac{\sqrt{3}}{2}$，-1，1

$\pi_2 = -\frac{1}{2} - i\frac{\sqrt{3}}{2}$

2.「$z^n = 1$」の求め方

$\pi_2 = \cos(2 \times \frac{2\pi}{n}) + i\sin(2 \times \frac{2\pi}{n})$

$\pi_1 = \cos\frac{2\pi}{n} + i\sin\frac{2\pi}{n}$

単位円

π_3，π_4，$\frac{2\pi}{n}$，$\frac{2\pi}{n}$，$-\frac{2\pi}{n}$，$-\frac{2\pi}{n}$，-1，1

π_{n-3}，π_{n-2}

$\pi_{n-1} = \cos\left((n-1) \times \frac{2\pi}{n}\right) + i\sin\left((n-1) \times \frac{2\pi}{n}\right)$

ド・モアブルの公式を使い，「$z^n = 1$」の解を求める方法をえがいた。まず，「$z^3 = 1$」を満たす z を求めてみる（1）。ド・モアブルの公式より，z の値は，単位円の円周を３等分することで求めることができる。すなわち，単位円を３等分した角度である「0」「$\frac{2\pi}{3}$」「$-\frac{2\pi}{3}$」におけるサインとコサインの値を求めればよい。「$z^n = 1$」の解も同様にして，「0」「$\frac{2\pi}{n}$」「$2 \times \frac{2\pi}{n}$」「$3 \times \frac{2\pi}{n}$」……「$(n-1) \times \frac{2\pi}{n}$」におけるサインとコサインの値を求めればよい（2）。

その理由は前述したことから明らかともいえるが，くわしくはあとで説明する。

代数的にこの方程式を解くとすれば，幸いにもこの式は因数分解でき，

$$z^3 - 1 = (z - 1)(z^2 + z + 1) = 0$$

となるので，この3次方程式の三つの解は，

$$z = 1, \quad -\frac{1}{2} \pm i\,\frac{3}{\sqrt{2}}$$

$$\cdots\cdots ㉞$$

であることがわかる。

一方，ド・モアブルの公式によれば，z を3回掛けて1になるというのは，

$$z = \cos(\theta) + i\sin(\theta)$$

と置いたときに，

$$z^3 = \cos(3\theta) + i\sin(3\theta) = 1$$

$$\cdots\cdots ㉟$$

が成り立つということだ。すなわち，実部と虚部をくらべて，

$$\cos(3\theta) = 1, \quad \sin(3\theta) = 0$$

$$\cdots\cdots ㊱$$

が成り立つような θ を求めればよいのだ。これはすなわち，

$$3\theta = 0, \quad \pm 2\pi$$

$$\cdots\cdots ㊲$$

であればよいということだ。よって，

$$\theta = 0, \quad \pm \frac{2\pi}{3}$$

$$\cdots\cdots ㊳$$

となる。この θ に対するサイン，コサインの値は，次のとおりである（下図 G）。

$$\cos(0) = 1, \quad \sin(0) = 0$$

$$\cos\left(\frac{2\pi}{3}\right) = -\frac{1}{2}, \quad \sin\left(\frac{2\pi}{3}\right) = \frac{\sqrt{3}}{2}$$

$$\cos\left(-\frac{2\pi}{3}\right) = -\frac{1}{2},$$

$$\sin\left(-\frac{2\pi}{3}\right) = -\frac{\sqrt{3}}{2}$$

したがって，$z^3 = 1$ の解である「$z = \cos(\theta) + i\sin(\theta)$」は，

$$z = 1, \quad z = -\frac{1}{2} \pm i\,\frac{\sqrt{3}}{2}$$

$$\cdots\cdots ㊴$$

であることがわかる。これは，㉞で得たものと同じだ。このやり方では，2次方程式の解を求める必要がなかったことに注意してほしい。たんに，θ を㊱で求めただけなのだ。それだけで，オイラーの公式を使えば簡単に円周を3等分する座標が得られるのである。

ここで，もう一つの面白い点を指摘しよう。上で求めた解のうち1以外を，

$$\boldsymbol{\pi}_1 = -\frac{1}{2} + i\,\frac{\sqrt{3}}{2},$$

$$\boldsymbol{\pi}_2 = -\frac{1}{2} - i\,\frac{\sqrt{3}}{2}$$

と置く。そして，$\boldsymbol{\pi}_1$ を2乗してみよう。すると，

$$
\begin{aligned}
(\boldsymbol{\pi}_1)^2 &= \left(-\frac{1}{2} + i\,\frac{\sqrt{3}}{2}\right)^2 \\
&= \left(-\frac{1}{2}\right)^2 + 2 \cdot \left(-\frac{1}{2}\right) \cdot \left(i\,\frac{\sqrt{3}}{2}\right) \\
&\quad + \left(i\,\frac{\sqrt{3}}{2}\right)^2 \\
&= \frac{1}{4} - i\,\frac{\sqrt{3}}{2} - \frac{3}{4} \\
&= -\frac{1}{2} - i\,\frac{\sqrt{3}}{2} \\
&= \boldsymbol{\pi}_2
\end{aligned}
$$

となる。また，$\boldsymbol{\pi}_1$ を3乗する（すなわち $\boldsymbol{\pi}_2$ に $\boldsymbol{\pi}_1$ を掛ける）

G. 自然対数関数 ln$x$ のグラフ

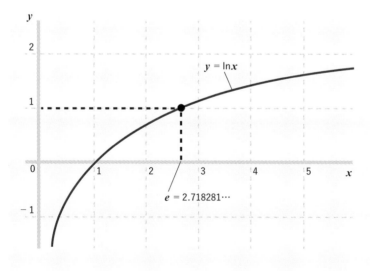

アブラーム・ド・モアブル
（1667 〜 1754）

フランス人だったが，プロテスタントであったために，ルイ14世以後，カソリック教会が支配するフランスでは暮らしていくのがむずかしくなり，1685年（18歳のとき）にイギリスに移住した。イギリスではハレー彗星の発見で有名なハレーや，ニュートンとも知りあいになったが，正式な大学の先生にはなれなかった。

ドイツのライプニッツなどは，貧しい生活を余儀なくされているド・モアブルを援助する方法はないかとハレーにお願いなどをしたが，それもかなわず，ド・モアブルは家庭教師をしながら数学の研究をつづけたといわれている。また，微分・積分についてのニュートン，ライプニッツの先取権に関する論争を判定する会議の議長などを務めたことでも有名。

※7：「$y = a^x$」という指数関数に対して，「$x = \log_a (y)$」と書きかえたものを「対数関数」とよぶ。ここで，logの右下につく数字を「底」という。10を底とする対数は「常用対数」とよばれ，「$y = \log (x)$」と書く。つまり，底の10を省略する。一方で，e を底とする対数は，この常用対数と区別するため，「$\ln (x)$」と書く。e を底とする対数を「自然対数」とよぶ。対数にはその定義から，$\log_a M^b = b \log_a M$，$\log_a a = 1$，$\log_a 1 = 0$，$\log_a MN = \log_a M + \log_a N$ などの性質がある。

と，それは1になる。すなわち，

$$(\pi_1)^2 = \pi_2$$
$$\pi_1{}^3 = 1$$

…… ㊵

という関係になっているのである。このような関係は，$z^3 = 1$ を満たす解だけではなく，円周を n 等分する $z^n = 1$ の解につ

いても同様に成り立つ。その証明は，ド・モアブルの式から簡単にみちびくことができるので，181ページ図Fを参考に，ぜひ挑戦してみてほしい。

オイラーの公式の
パラドックス

ここで，もう一度オイラーの

公式やオイラーの等式をよく考えてみよう。オイラーの等式とは，「$e^{i\pi} = -1$」という式のことである。この式の両辺の自然対数（底が e の対数。対数は指数の逆計算）※7をとってみよう。すると，

$$\ln (e^{i\pi}) = \ln (-1)$$

…… ㊶

となる。ここで自然対数の定義より、$\ln(e^{i\pi}) = i\pi$ であるので、㊶は、

$$i\pi = \ln(-1)$$

$$\cdots\cdots ㊷$$

となる。高校までの数学では、マイナスの数の対数はないと教わるが、このオイラーの等式から「$\ln(-1)$ は、虚数単位 i に π を掛けたものと等しい」ということがわかる。

ところが、㊷の両辺を2倍してみよう。すると、左辺は「$2i\pi$」となるが、右辺は

$$2\ln(-1) = \ln(-1)^2$$
$$= \ln(1)$$
$$= 0$$

$$\cdots\cdots ㊸$$

となり、「$2i\pi = 0$、あるいは $\ln(-1) = 0$」という、明らかにおかしな式が得られてしまう。

同じように、先に考えた「$z^3 = 1$」の方程式を考えてみよう。この方程式を満たす解は三つあることを、先に述べた。そこで、この式の対数をとってみよう。

$$\ln(z^3) = \ln(1)$$

$$\cdots\cdots ㊹$$

ヨハン・ベルヌーイ
（1667〜1748）
スイスの数学者・物理学者。ベルヌーイ家からは、ヨハン以外に多くの数学者、物理学者を輩出したが、数学界に最も大きな足跡を残したのが、このヨハンであろう。ちなみに、物理学でよく使われる「ベルヌーイの法則」は、ヨハンの息子であるダニエル・ベルヌーイによって発見されたものだ。

ここで、左辺は「$3\ln(z)$」となり、右辺は「0」となる。つまり、$z^3 = 1$ を満たす三つの解のいずれに対しても、「$\ln(z) = 0$」、すなわち、その対数はゼロということになる。

この結果も、明らかにおかしいものだ。こうした対数のパラドックスは、オイラー以前の数学者にも気づかれていた。実際、オイラーがオイラーの公式をみちびく30年前には、オイラーの先生にあたるヨハン・ベルヌーイ（下図）が、オイラーの等式と同等な、

$$\frac{\pi}{2} = i\ln(i)$$

$$\cdots\cdots ㊺$$

という不思議な式が成り立つことを示していた。これは、半径1の円の面積（左辺）が、虚数と、虚数の対数の積（右辺）であらわされるという、不思議なことを意味する。この式を目の前にして、当時の第一級の数学者であったベルヌーイやライプニッツも、虚数と対数の不思議さに悩まされた。

その悩みを救ったのが、オイラーだった。オイラーによれば、

一つの複素数の対数に対して，無限の値があるという。これを，対数は「多価関数」であるという。このことは，オイラーの公式を使って理解できる。

一つの複素数は，下に示したHの中の一点で示される。この点と原点Oを結ぶ直線と，x軸がなす角度をθとすると，

$$z = re^{i\theta}$$
$$\cdots\cdots ㊼$$

とあらわすことができる。ここで，rは原点とzの点を結ぶ直線の長さをあらわす。このとき，

角度θは原点のまわりを何周しても同じであるため，zは，

$$z = re^{i(\theta + 2n\pi)}$$
$$\cdots\cdots ㊼$$

ともあらわすことができる（ここでnは整数）。㊻と㊼の両辺の自然対数をとると，㊻から，

$$\ln(z) = \ln(re^{i\theta})$$

より，

$$\ln(z) = \ln(r) + i\theta$$
$$\cdots\cdots ㊽$$

が成り立つ。同様に㊼からは，

$$\ln(z) = \ln(re^{i(\theta + 2n\pi)})$$

より，

$$\ln(z) = \ln(r) + i(\theta + 2n\pi)$$
$$\cdots\cdots ㊾$$

が得られる。同じzの対数なのに，$2n\pi$だけちがった無限個の解が得られるのだ。そこで，複素数の対数の値を確定しようと思うと，㊾であらわしたzに対応するθの値が0から2πの間にあるというように，θの範囲を指定しなくてはならないということになる。このような指定をしたときに，これを「$\ln(z)$の主値」という。

こうしてオイラーは，対数が多価関数であることを発見した。これを契機に複素数の関数の理解が進み，現代の数学に欠くことのできない「複素数関数解析」の元になったのである。

H. 多価関数と単位円

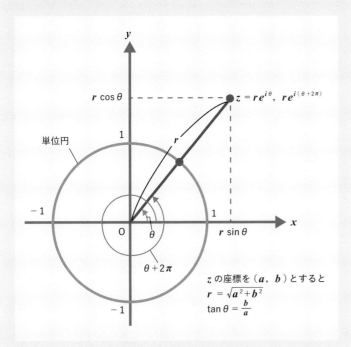

点zは，$(r\cos\theta,\ r\sin\theta)$とあらわされる。しかし，$\theta$からさらに$2\pi$や$4\pi$など，「$2n\pi$」だけ回転した点は，元の位置にもどってくる（ただしnは整数）。つまり，点zのあらわし方は無限に存在するのだ。このように，一つの点があたえられたときに複数の出力を得るものを「多価関数」とよぶ。

三角関数の
"仲間"の関数

執筆　水谷 仁

　ここでは，三角関数と似た関数を紹介しよう。まず，物理学の世界ではよく使われる「双曲線関数」を取り上げる。もう一つは，「レムニスケート関数」とよばれる関数である。レムニスケート関数は「楕円積分」とよばれるものに発展し，その後の数学全体に大きな影響をあたえた関数だ。

「双曲線関数」と三角関数

　三角関数は，半径1の円に沿って点が動く（角度θがかわる）ときに，そのx座標，y座標がどう変化するかをあらわす関数である。このとき，x座標に相当するものが$\cos(\theta)$，y座標に相当するものが$\sin(\theta)$である。円を一周すれば，点は元の場所にもどるので，サインやコサインは2πの周期性をもっている。

　半径1の円をあらわす式は，よく知られているように，

$$x^2 + y^2 = 1$$

$$\cdots\cdots ①$$

である。

　この円の上にある点Aをあらわすθを，x軸と直線OAのなす角と考えてもよいし，角度ラジアンの定義（80ページ）から，点B（1，0）から点Aまでの円弧の長さであると考えてもかまわない。

　一方，下図Aのように，θの半分がおうぎ形OABの面積になっているので，おうぎ形OABの面積の倍がθに相当すると考えることもできる。

加法定理が成り立つ sinh, cosh, tanh

　さて，それでは円ではなく，次の式であらわされる双曲線で同じようなことはできないだろうか。

$$x^2 - y^2 = 1$$

$$\cdots\cdots ②$$

　この双曲線上の点Aのx座標とy座標を，サイン，コサインと同じように $\cosh(\theta)$，$\sinh(\theta)$と書くとしよう。このときθを，円のときと同じように，点Aと原点Oを結ぶ線の下の面積の2倍をθとすることにする（**B**）。

　そうすると，この図上の点Aのx，y座標は，次の式であらわされることがわかる（この証

A. 円周上の点をsin，cosであらわす

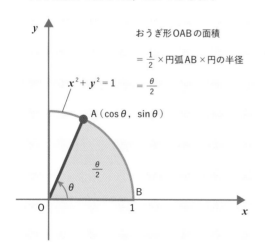

おうぎ形OABの面積

$= \dfrac{1}{2} \times$ 円弧AB $\times$ 円の半径

$= \dfrac{\theta}{2}$

$x^2 + y^2 = 1$

A（$\cos\theta$，$\sin\theta$）

$\dfrac{\theta}{2}$

B. 双曲線上の点をsinh，coshであらわす

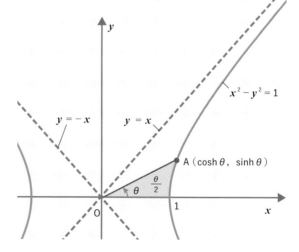

$y = -x$　　$y = x$

$x^2 - y^2 = 1$

A（$\cosh\theta$，$\sinh\theta$）

$\dfrac{\theta}{2}$

明は，積分を知らないとできないので，ここでは省略する）。

$$\sinh(\theta) = \frac{e^{\theta} - e^{-\theta}}{2}$$

$$\cosh(\theta) = \frac{e^{\theta} + e^{-\theta}}{2} \quad \cdots\cdots ③$$

となる。これは，普通の三角関数の定義（180ページ・式㉘）とよく似ているが，その関数形はまったくことなる（**C**）。

　$\sinh(x)$ は原点を通り，「奇関数」（原点に対して対称な関数），$\cosh(x)$ は $x = 0$ で1となる「偶関数」（y 軸に対して対称な関数）になっている点は，普通のサイン，コサインと似ている。だが，周期関数でないこ

とは明らかだ。

　この $\sinh(\theta)$ を「ハイパボリックサイン」，$\cosh(\theta)$ を「ハイパボリックコサイン」とよんでいる。ハイパボリックとは，双曲線という意味である。サイン，コサインの場合と同じように，タンジェントに相当するもの（ハイパボリックタンジェント）も定義されている。

$$\tanh(\theta) = \frac{\sinh(\theta)}{\cosh(\theta)} \quad \cdots\cdots ④$$

　これらの関数を，「双曲線関数」とよぶ。双曲線関数は，三角関数のような周期関数ではないが，三角関数の場合と似た加法定理が成り立っている。一つ

だけ例をあげるとすれば，次のような加法定理がある。

$$\sinh(\alpha + \beta) = \sinh(\alpha)\cosh(\beta) + \cosh(\alpha)\sinh(\beta)$$
$$\cdots\cdots ⑤$$

　この式は普通のサインの加法定理，

$$\sin(\alpha + \beta) = \sin(\alpha)\cos(\beta) + \cos(\alpha)\sin(\beta)$$
$$\cdots\cdots ⑥$$

とほとんど同じ形になっていることがわかるだろう。

　この双曲線関数は，物理学の世界ではよく使われている関数である（→次ページにつづく）。

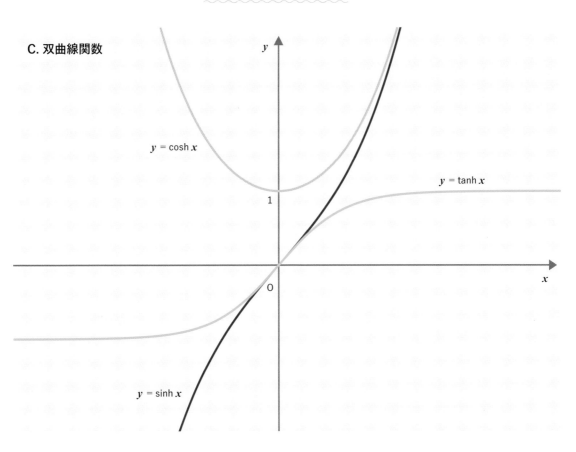

C. 双曲線関数

$y = \cosh x$

$y = \tanh x$

$y = \sinh x$

三角関数の拡張を目指して
研究された「レムニスケート曲線」

さて,円は一点からの距離が一定である曲線であり,双曲線は二点(これを双曲線の焦点とよぶ)からの距離の差が一定になるような曲線である。それに対し,二点からの距離の積が同じようになる曲線も定義することができる。

A$(a, 0)$とA$'(-a, 0)$を定点とすると,その二点からP(x, y)までの距離はそれぞれ,

$$AP = \sqrt{(x-a)^2+y^2}$$
$$A'P = \sqrt{(x+a)^2+y^2}$$

とあらわせるので,その積が一定$(= c^2)$である条件は,次のようにあらわされる。

$$\sqrt{(x-a)^2+y^2}\sqrt{(x+a)^2+y^2}=c^2 \quad\cdots\cdots⑦$$

⑦の両辺を2乗して式を整理すると,

$$(x^2+y^2+a^2)^2 - 4a^2x^2 = c^4 \quad\cdots\cdots⑧$$

である。この曲線が原点を通るものとすれば,$a=c$でなくてはならないので,結局この曲線の方程式は,次のようになる。

$$(x^2+y^2)^2 = 2a^2(x^2-y^2) \quad\cdots\cdots⑨$$

ここで,$2a^2=1$とおくと(定点のx座標を$\pm\sqrt{\frac{1}{2}}$としたことに相当),次の式を得る。

$$(x^2+y^2)^2 = (x^2-y^2) \quad\cdots\cdots⑩$$

この式であらわされる曲線を190ページDに示した。

ホイヘンス

カサ・ミラの屋根裏部屋

ハイパボリックコサインであらわされる
「カテナリー(懸垂曲線)」

ひもや鎖などの両端を持ってぶら下げると,「カテナリー(懸垂曲線:けんすいきょくせん)」とよばれるカーブがあらわれる(ひもや鎖などが密度一定の場合)。この曲線は,次の式であらわされる。

$$a\cosh\left(\frac{x}{a}\right) = \frac{a\left(e^{\frac{x}{a}}+e^{-\frac{x}{a}}\right)}{2}$$

オランダの物理学者であり数学者であるクリスティアーン・ホイヘンス(1629〜1695)が,この数式を明らかにした。ラテン語で鎖を意味する「catena」から「カテナリー」と名づけたのも,ホイヘンスである。

重力が生むカテナリーを上下反転させると,アーチ状の構造になる。このアーチをみずからの建築の要素として重視したのが,スペインの建築家アントニ・ガウディ(1852〜1926)である。右上の写真は,ガウディが設計のために鎖を垂らしてつくった模型を復元したものだ。これは,スペインのバルセロナにあるガウディの建築物「カサ・ミラ」の屋根裏部屋に設置されている。この部屋に見える屋根の形もまた,美しいカテナリーになっている。さらに,右ページの「サグラダ・ファミリア」でも,塔や柱の形状がカテナリーを用いて設計されている。

サグラダ・ファミリア

このような曲線を「レムニスケート[※1]」とよぶ。この曲線がx軸と交わる点のx座標は0，±1である。この曲線を極方程式[※2]であらわせば，

$$r^2 = \cos 2\theta$$

…… ⑪

という簡単な式になる。この曲線については，数学の王様といわれるドイツのカール・フリードリッヒ・ガウス（1777～1855）が，三角関数の拡張を目指してくわしく研究した[※3]。

このチョウの羽のような形をした曲線の周の長さは，「楕円積分」というものを計算しないと実際の値を得られないが，その$\frac{1}{2}$の値をϖとおくと，

$$\varpi = 2.6220575$$

…… ⑫

という数字になる。すなわち，下図Dの右側の曲線を原点からはじめて一周すると，その長さはおよそ「2.622」になるというのである。この値は，円周率πと同じように「無理数」であり，しかも「超越数」という数の仲間に入っている。この値のことを，円周率πと対比して「レムニスケート周率[※4]」とよぶことがある。

三角関数に似た性質をもつ「レムニスケート関数」

さて，このレムニスケート曲線上の一点までの原点からの直線距離rと，その点までレムニスケート曲線に沿ってはかった弧の長さuの関係を考えよう。

原点のところから，右側の第1象限（$x > 0$，$y > 0$の領域）のレムニスケートをたどってみよう。uもrも最初はゼロであり，それからレムニスケートをたどっていけば，当然，弧の長さuがふえ，rもふえる。そして，uが$\frac{\varpi}{2}$に達したところで，$r = 1$となる。

D. レムニスケート曲線

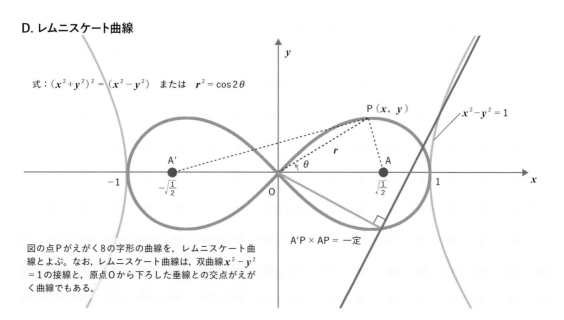

式：$(x^2+y^2)^2 = (x^2-y^2)$　または　$r^2 = \cos 2\theta$

$x^2 - y^2 = 1$

P（x，y）

r

A

A′

θ

−1

$-\sqrt{\frac{1}{2}}$

$\sqrt{\frac{1}{2}}$

1

O

A′P × AP ＝ 一定

図の点Pがえがく8の字形の曲線を，レムニスケート曲線とよぶ。なお，レムニスケート曲線は，双曲線$x^2 - y^2 = 1$の接線と，原点Oから下ろした垂線との交点がえがく曲線でもある。

※1：レムニスケート（leminiscate）とは，ラテン語で8の字型のリボンのことをいう。

※2：曲線上の点をPとするとき，原点とPを結んだOPの長さをr，OPとx軸とのなす角をθとするとき，rとθを「極座標」といい，rとθであらわす式を「極方程式」という。

※3：ガウスがレムニスケート曲線から楕円関数に進む研究のようすが，わくわくするような筆致で書かれたものに，高木貞治『近世数学史談』（岩波書店）がある。また，高瀬正仁『ガウスの数論』（ちくま書房）にも，ガウスの数学日記を元にした，ガウスとレムニスケートとの関係の臨場感ある記述がある。

※4：ϖは，次の式で定義される。$\varpi = 2\int_0^1 \frac{1}{\sqrt{1-t^4}}\, dt$，一方で円周率$\pi$は，$\pi = 2\int_0^1 \frac{1}{\sqrt{1-t^2}}\, dt$で定義されるので，両者の類似性がよくわかる。

さらにレムニスケートをたどれば，rは減少し，原点にもどったところで，$u = \pi$，$r = 0$となる。

このように，uが決まればrも決まるので，それを，

$$r = \text{sn}(u)$$

$$\cdots\cdots ⑬$$

とあらわす。snの最初のsは，サインと同類の関数であることを示したものだ。レムニスケート曲線を，さらに第2象限（$x < 0$，$y > 0$の領域），第3象限（$x < 0$，$y < 0$の領域）とたどっていくときは，rをマイナスとする。そうすれば，$\text{sn}(u)$は2πの周期をもつuの奇関数となる。

具体的に$\text{sn}(u)$を式であらわすのはむずかしいが，その逆関数は簡単だ。すなわち，レムニスケートの弧の長さは，次の積分でrの関数としてあらわさ

カール・フリードリッヒ・ガウス

E. レムニスケート関数

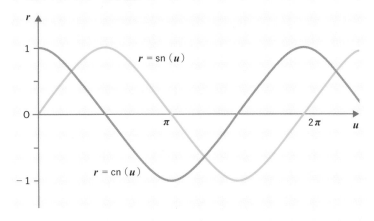

れるためだ。

$$u(r) = \int_0^1 \frac{1}{\sqrt{1-t^4}}\, dt$$

$$\cdots\cdots ⑭$$

この関数の逆関数が，$r = \text{sn}(u)$である。そのグラフをEに示した。サインと似た関数形をしていることが，おわかりいただけるだろう。

この関数をuで微分して得られる関数を，$\text{cn}(u)$とあらわすとしよう。この関数の最初の文字のcは，これがコサインに相当するものであることを示す。以下に，$\text{cn}(u)$の定義を示す。

$$\text{cn}(u) = \sqrt{\frac{1 - \text{sn}^2(u)}{1 + \text{sn}^2(u)}}$$

$$\cdots\cdots ⑮$$

この関数は，$\text{cn}(0) = 1$，$\text{cn}(\pi) = 0$となり，普通の三角関数のコサインと似た性質をもっている。$\text{sn}(u)$と$\text{cn}(u)$の関係は⑮を2乗すれば求められ，

$$\text{sn}^2(u) + \text{cn}^2(u) + \text{sn}^2(u)\,\text{cn}^2(u) = 1$$

$$\cdots\cdots ⑯$$

となる。これは，

$$\sin^2(x) + \cos^2(x) = 1$$

という三角関数の公式とよく似ている。

$\text{sn}(u)$，$\text{cn}(u)$にも**三角関数の場合と似た加法定理などが成り立ち，さまざまな面白い性質が明らかにされている**。これらは「楕円積分」に発展し，その後の数学全体に大きな影響をあたえることになった。

ここで，それ以降の数学的な話をつづけるのは，むずかしすぎるかもしれない。三角関数の"仲間"の関数は，三角関数同様に，さまざまな数学や物理学に使われている。いつの日か，ここで紹介した三角関数の先にある数学の道を探索する機会が，皆さんにめぐってくることを望んでいる。

三角関数は何の役に立つ？
「量子力学」「ニュートリノ振動」

執筆　和田純夫（192〜193ページ）
協力　市川温子（194〜195ページ）

サインのグラフは波打っているが，物理にはこのような波打ったグラフであらわされる現象がたくさんある。たとえば水面の波は，横から見ると水面の上がり下がりが，サインのグラフに似た形になっている（厳密には，サインのグラフよりも山がとがっているが……）。波は時間が経過すると動くので，「波動（はどう）」ともよばれる。

水面の波は，水という実体があるものの動きだが，20世紀になって登場したミクロな世界を説明する「量子力学（りょうしりきがく）」では，もっと抽象的な意味をもつ波動が登場する。実際，量子力学は「波動力学」とよばれていたこともあり，電子などのミクロな粒子を「波」によってあらわすことが出発点となっているのだ。

電子の位置は
確定していない

量子力学では，大きさのない（大きさがほとんど無視できる）粒子とみなされることが多い電子が，波であらわされるというのだから，現代物理学とは理解をこえた話だという印象を受ける人も多いだろう。

ポイントは，「電子は粒子だが，各時刻におけるその位置は（一般には）確定していない」という点にある。"確定していない"とは，「（その粒子が）ある位置に存在する状態」，「そのすぐとなりの別の位置にある状態」，「さらに離れた別の位置にある状態」など，無数の状態が共存している（同時に存在している）ということだ。そして，それぞれの状態に対して，それがどの程度の大きさで共存しているかをあらわす数値が決まっ

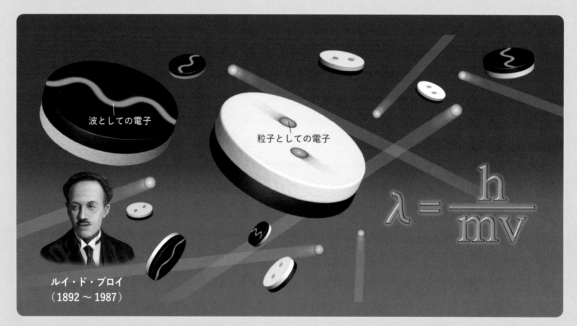

🍎 電子がもつ「波と粒子の二面性」

電子がもつ，波と粒子の二面性を，オセロのコマに見立ててイラスト化した。図中・右側の式は「ド・ブロイの法則」とよばれ，電子の波長は，電子の運動量に反比例することを示している。λは電子の波長，hは比例定数（プランク定数），mは電子の質量，vは電子の速度をあらわす。

波としての電子

粒子としての電子

$$\lambda = \frac{h}{mv}$$

ルイ・ド・ブロイ
（1892〜1987）

ており，その数値を並べると波の形になるというように理解すればいいだろう。そのようにしてできる波を，その粒子の「波動関数」とよんでいる。

量子力学での波は，このように抽象的なものだが，さらに複雑な点がある。水面の波は，「実数」であらわされる。波は水面の高さをあらわしているので，実数にしかなりえない。しかし，量子力学での波は抽象的な量をあらわしており，一般的に「複素数（ふくそすう）」になる。複素数とは，実数a，bと虚数（きょすう）単位「i」を用いて「$a+bi$」とあらわせる数のことだ。そして，虚数とは「$i^2 = -1$」となる数のことである。

ここで，170ページなどで見たように，三角関数と指数関数の間には，

$$\cos\theta + i\sin\theta = e^{i\theta}$$

という関係式が成り立つ。そのため，量子力学ではサインやコサインというよりも，その組み合わせである指数関数（$e^{i\theta}$という形）が多く出てくる。ただ，ここでは話をあまりむずかしくしたくないので，実数の波を基本として話を進める。

波の重ね合わせと電子の位置

電子をあらわす波，つまり波動関数の具体的な形は，状況によってことなる。話を簡単にするために，実際の3次元空間ではなく，1次元的な空間で考えてみよう。すなわち電子は，ある一直線上にのみ存在できると

する。

ある時刻で，この直線上での電子の波動関数が，サイン関数であらわされるとしよう。この直線の各点を，座標xであらわすとすれば，「$\sin ax$」というふうに書ける。ここで，aとは何らかの定数であり，波長（はちょう）で決まる量である。

また，この波は時間が経過すると動くが，力がはたらいていない場合には，その速さはaに比例することが知られている。粒子がもつ運動量（速さ×質量）は，その波長に反比例するという「ド・ブロイの法則」（左ページ下の図）は，このことをさしている。

ところで，「サインカーブ」とは，波打ちながら左右に無限につづく曲線である。波動関数は無限につづくので，電子の位置は不確定であるどころか，どのあたりにあるかもまったくわからないという状況になる。しかし現実には，電子の位置ははっきりとは確定できないが，どのあたりにあるのかはわかる。

ある領域内に局在している電子の波動関数は，たとえば，右上に示した**a**のようにあらわされる。これは，単純に「$\sin ax$」という形には書けないが，124ページでも説明しているように，多数のサインカーブの重ね合わせによってあらわすことができる（**b**）。波を束にするという意味で，このような波動関数を「波束（はそく）」とよぶ。

どこか1か所にあるという電子は，波束によってあらわされ

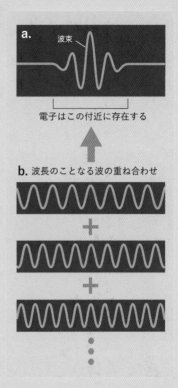

●電子が存在する領域をあらわす波

a.
波束

電子はこの付近に存在する

b. 波長のことなる波の重ね合わせ

+

+

るが，波束にも多少の幅がある。粒子を波であらわす量子力学では，粒子の位置を完全に1か所に確定することはできないのだ。また，波束の動く速さが，通常の意味での粒子の速さになる。ド・ブロイの法則で出てくる「速さ」とは同じものではなく（無関係ではないが），従来の粒子のイメージでは理解できないことが多々ある。

いずれにしろ，量子力学での「波」は，サインカーブ自体になるとは限らないが，サインカーブを基本として考えることによって理解が深まるのである（→次ページにつづく）。

最先端研究と三角関数

さて，世の中のすべての物質は原子でできているが，原子は，それよりも小さな「素粒子」でできていることがわかっている。これまでにさまざまな素粒子が発見されているが，その一つに「ニュートリノ」がある。ニュートリノの仲間には，電子ニュートリノ，ミューニュートリノ，タウニュートリノがある。

ニュートリノは，宇宙のあちこちを飛びかっているが，地球や私たちの体など，何でもすり抜けてしまうという性質をもっている。またニュートリノは，飛んでいるうちに姿をかえることが1998年に判明している。つまり，生成したある種類のニュートリノが，時間をおいて観測したら，別の種類のニュートリノになっていたということがおきるのだ。この現象を「ニュートリノ振動」という。

ニュートリノ振動は，東京大学宇宙線研究所の梶田隆章教授らによって実証されている。梶田教授はその功績によって，2015年にノーベル物理学賞を受賞している。

ニュートリノのふるまいは三角関数で表現される

前置きが長くなったが，ニュートリノのふるまいは，それぞれ三つのことなる波の重ね合わせ（三角関数の組み合わせ）として表現される。そして，波の重なり方に応じて，電子ニュートリノとして観測されたり，タウニュートリノとして観測されたりするのである。

複数の波が重なり，強めあったり弱めあったりすることを「干渉」というが，ニュートリノ振動の本質も，まさに複数の波の干渉にあるわけだ。そして，波である以上，その式には三角関数が登場するのである（右ページ下参照）。

三角関数は本当にどこにでも顔を出す，自然界の人気者なのだ。

🍎 ニュートリノの"変身"をスーパーカミオカンデで観測

ニュートリノは，空間中を進むうちに"変身"する。梶田教授らは，宇宙から飛んできた陽子などが，地球の大気中の原子核に衝突して発生したニュートリノを，東京大学の素粒子観測装置である「スーパーカミオカンデ」（右上の写真）で観測し，上側からくるニュートリノと，地球の裏側，つまり上側からくるニュートリノよりはるかに長い距離を飛んできたニュートリノのそれぞれの種類を調べることで，ニュートリノ振動がおきていることを示した。

現在，スーパーカミオカンデをさらに強力にした「ハイパーカミオカンデ」が建設中だ。ハイパーカミオカンデを用いた研究により，ニュートリノ振動の全容が明らかになることが期待されている。

ニュートリノの種類（フレーバー）が，三つの波の重ね合わせであらわされることを示す式（→）

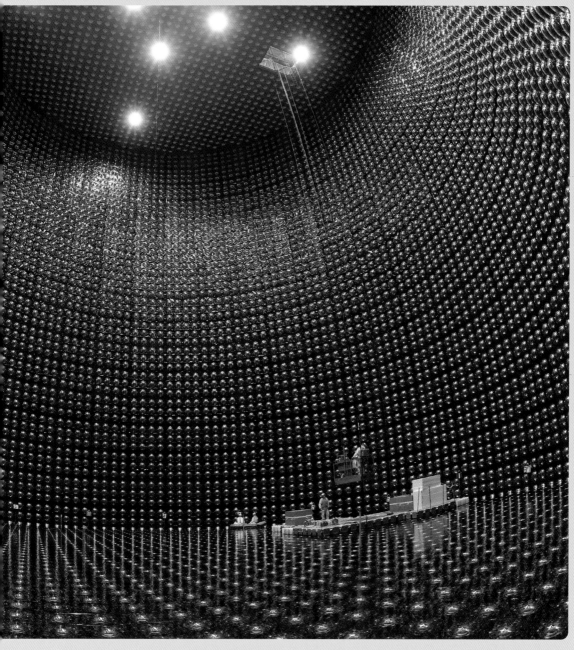

三つの
ニュートリノ

三角関数を含む行列。オイラーの公式を使えば，
$e^{i\delta_{CP}}$ も三角関数を含む形に変形することができる。

三つの波

$$\begin{pmatrix} \nu_e \\ \nu_\mu \\ \nu_\tau \end{pmatrix} = \begin{pmatrix} 1 & 0 & 0 \\ 0 & \cos\theta_{23} & \sin\theta_{23} \\ 0 & -\sin\theta_{23} & \cos\theta_{23} \end{pmatrix} \begin{pmatrix} \cos\theta_{13} & 0 & \sin\theta_{13}\cdot e^{i\delta_{CP}} \\ 0 & 1 & 0 \\ -\sin\theta_{13}\cdot e^{i\delta_{CP}} & 0 & \cos\theta_{13} \end{pmatrix} \begin{pmatrix} \cos\theta_{12} & \sin\theta_{12} & 0 \\ -\sin\theta_{12} & \cos\theta_{12} & 0 \\ 0 & 0 & 1 \end{pmatrix} \begin{pmatrix} \nu_1 \\ \nu_2 \\ \nu_3 \end{pmatrix}$$

巻末付録

監修　小山信也

　巻末では，三角関数を理解するうえでおさえておきたい，重要なポイントをまとめた。また，本文では十分に紹介することができなかった「高校数学で習う重要公式」もあわせて掲載しているので，ぜひ一読してみてほしい。

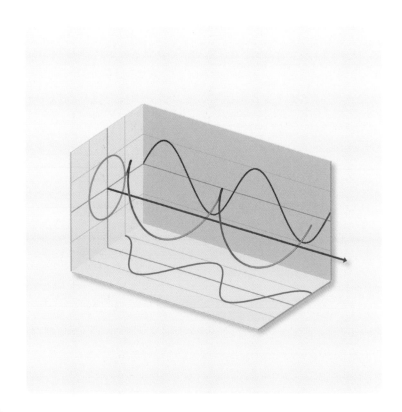

おさえておきたい
三角関数の重要定義・公式

1°きざみの三角関数（三角比）の値（近似値）

分度器に沿って，0°〜90°までのそれぞれの角度でのsin，cos，tanの値を示した。sinとcosの値は，45°を境に，対称的になっている。また，tanの値は，0°から少しずつ大きくなり，45°で1になる。角度が大きくなっていくと，tanの値は急激に増加し，90°では無限大に発散する。

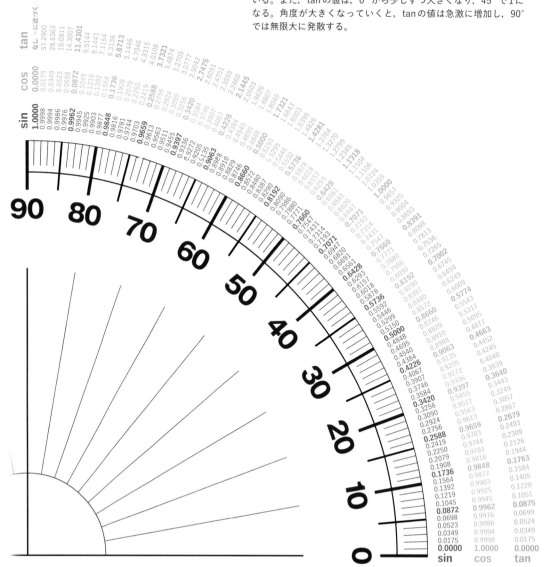

直角三角形による三角関数の定義（三角比）

$$\sin \theta = \frac{対辺}{斜辺} = \frac{AC}{AB}$$

$$\cos \theta = \frac{底辺}{斜辺} = \frac{BC}{AB}$$

$$\tan \theta = \frac{対辺}{底辺} = \frac{AC}{BC}$$

A

斜辺

対辺

θ

B

底辺

C

三角関数の相互関係

$$\tan \theta = \frac{\sin \theta}{\cos \theta} \qquad \sin^2 \theta + \cos^2 \theta = 1 \qquad \tan^2 \theta + 1 = \frac{1}{\cos^2 \theta}$$

三角比と単位円（たんいえん），三角関数，一般角

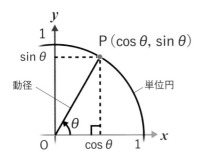

直角三角形の辺の長さの比としての三角比では，θの範囲は0°から90°までである。半径が1の円（単位円）で，中心からの動径により回転角θを定めると，単位円周上の点Pの座標は，三角関数を用いて（cos θ，sin θ）であたえられる。また，回転角を「一般角」とよぶ。

弧度法（こど）

円弧（単位円の弧）の長さで角度をあらわす方法。たとえば360°の場合，円弧とは円周のことだ。したがって，360°は弧度法では「2π」となる（単位は「ラジアン：rad」）。

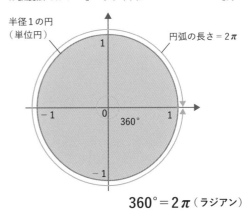

$$360° = 2\pi \,（ラジアン）$$

おさえておきたい
三角関数の重要定義・公式

三角関数の性質

$$\sin(360°n + \theta) = \sin\theta$$
$$\cos(360°n + \theta) = \cos\theta$$
$$\tan(360°n + \theta) = \tan\theta$$

$$\sin(90° + \theta) = \cos\theta$$
$$\cos(90° + \theta) = -\sin\theta$$
$$\tan(90° + \theta) = -\frac{1}{\tan\theta}$$

$$\sin(-\theta) = -\sin\theta$$
$$\cos(-\theta) = \cos\theta$$
$$\tan(-\theta) = -\tan\theta$$

$$\sin(180° - \theta) = \sin\theta$$
$$\cos(180° - \theta) = -\cos\theta$$
$$\tan(180° - \theta) = -\tan\theta$$

$$\sin(90° - \theta) = \cos\theta$$
$$\cos(90° - \theta) = \sin\theta$$
$$\tan(90° - \theta) = \frac{1}{\tan\theta}$$

$$\sin(180° + \theta) = -\sin\theta$$
$$\cos(180° + \theta) = -\cos\theta$$
$$\tan(180° + \theta) = \tan\theta$$

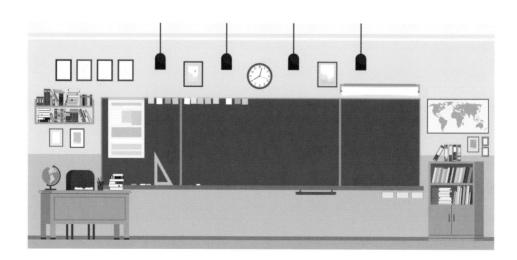

<ruby>余弦定理<rt>よ げん</rt></ruby>

$$c^2 = a^2 + b^2 - 2ab\cos C$$

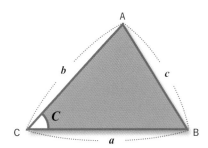

<ruby>正弦定理<rt>せい げん</rt></ruby>

$$\frac{a}{\sin A} = \frac{b}{\sin B} = \frac{c}{\sin C} = 2R$$

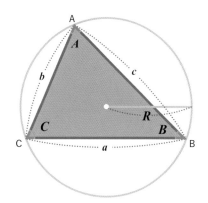

<ruby>加法定理<rt>か ほう</rt></ruby>　二つの角度を足したときの三角関数の値を計算する公式

$$\sin(\alpha + \beta) = \sin\alpha\cos\beta + \cos\alpha\sin\beta$$
$$\sin(\alpha - \beta) = \sin\alpha\cos\beta - \cos\alpha\sin\beta$$

$$\cos(\alpha + \beta) = \cos\alpha\cos\beta - \sin\alpha\sin\beta$$
$$\cos(\alpha - \beta) = \cos\alpha\cos\beta + \sin\alpha\sin\beta$$

$$\tan(\alpha + \beta) = \frac{\tan\alpha + \tan\beta}{1 - \tan\alpha\tan\beta}$$

$$\tan(\alpha - \beta) = \frac{\tan\alpha - \tan\beta}{1 + \tan\alpha\tan\beta}$$

0°から360°までの代表的な
三角関数の値（0から2πまで）

角度	θ〔度〕	0	30	45	60	90	120	135	150	180	210	225	240	270	300	315	330	360
	θ（rad）	0	$\frac{\pi}{6}$	$\frac{\pi}{4}$	$\frac{\pi}{3}$	$\frac{\pi}{2}$	$\frac{2\pi}{3}$	$\frac{3\pi}{4}$	$\frac{5\pi}{6}$	π	$\frac{7\pi}{6}$	$\frac{5\pi}{4}$	$\frac{4\pi}{3}$	$\frac{3\pi}{2}$	$\frac{5\pi}{3}$	$\frac{7\pi}{4}$	$\frac{11\pi}{6}$	2π
$\sin\theta$		0	$\frac{1}{2}$	$\frac{1}{\sqrt{2}}$	$\frac{\sqrt{3}}{2}$	1	$\frac{\sqrt{3}}{2}$	$\frac{1}{\sqrt{2}}$	$\frac{1}{2}$	0	$-\frac{1}{2}$	$-\frac{1}{\sqrt{2}}$	$-\frac{\sqrt{3}}{2}$	-1	$-\frac{\sqrt{3}}{2}$	$-\frac{1}{\sqrt{2}}$	$-\frac{1}{2}$	0
$\cos\theta$		1	$\frac{\sqrt{3}}{2}$	$\frac{1}{\sqrt{2}}$	$\frac{1}{2}$	0	$-\frac{1}{2}$	$-\frac{1}{\sqrt{2}}$	$-\frac{\sqrt{3}}{2}$	-1	$-\frac{\sqrt{3}}{2}$	$-\frac{1}{\sqrt{2}}$	$-\frac{1}{2}$	0	$\frac{1}{2}$	$\frac{1}{\sqrt{2}}$	$\frac{\sqrt{3}}{2}$	1
$\tan\theta$		0	$\frac{1}{\sqrt{3}}$	1	$\sqrt{3}$	—	$-\sqrt{3}$	-1	$-\frac{1}{\sqrt{3}}$	0	$\frac{1}{\sqrt{3}}$	1	$\sqrt{3}$	—	$-\sqrt{3}$	-1	$-\frac{1}{\sqrt{3}}$	0

三角関数のグラフ

三角関数のグラフを示した。$y = \sin x$ と $y = \cos x$ のグラフは，$\dfrac{\pi}{2}$（$= 90°$）ずれているだけで，形は一致している。
$y = \tan x$ のグラフは，$\dfrac{\pi}{2}$，$\dfrac{3\pi}{2}$，$\dfrac{5\pi}{2}$，… で発散するが，同じ形をくりかえす。

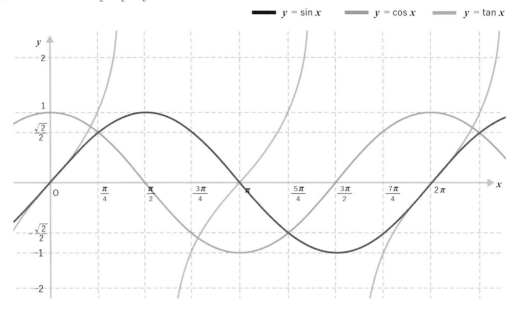

三角関数の微分・積分

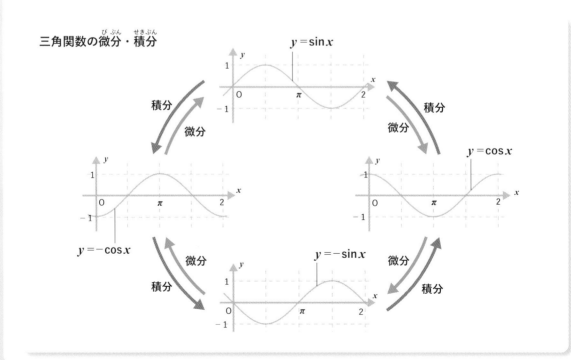

三角関数の和と積の公式 　三角関数のかけ算と足し算を入れ替える公式

$$\sin\alpha\cos\beta = \frac{1}{2}\{\sin(\alpha+\beta)+\sin(\alpha-\beta)\}$$

$$\cos\alpha\sin\beta = \frac{1}{2}\{\sin(\alpha+\beta)-\sin(\alpha-\beta)\}$$

$$\cos\alpha\cos\beta = \frac{1}{2}\{\cos(\alpha+\beta)+\cos(\alpha-\beta)\}$$

$$\sin\alpha\sin\beta = -\frac{1}{2}\{\cos(\alpha+\beta)-\cos(\alpha-\beta)\}$$

$$\sin A+\sin B = 2\sin\frac{A+B}{2}\cos\frac{A-B}{2} \qquad \cos A+\cos B = 2\cos\frac{A+B}{2}\cos\frac{A-B}{2}$$

$$\sin A-\sin B = 2\cos\frac{A+B}{2}\sin\frac{A-B}{2} \qquad \cos A-\cos B = -2\sin\frac{A+B}{2}\sin\frac{A-B}{2}$$

半角の公式 　角度が半分になった三角関数の値

$$\sin^2\frac{\alpha}{2} = \frac{1-\cos\alpha}{2}$$

$$\cos^2\frac{\alpha}{2} = \frac{1+\cos\alpha}{2}$$

2倍角の公式 　角度が倍になった三角関数の値

$$\sin 2\alpha = 2\sin\alpha\cos\alpha$$

$$\cos 2\alpha = \cos^2\alpha - \sin^2\alpha$$
$$= 1-2\sin^2\alpha$$
$$= 2\cos^2\alpha - 1$$

$$\tan 2\alpha = \frac{2\tan\alpha}{1-\tan^2\alpha}$$

三角関数の合成 　sinとcosの足し算をsinだけであらわす公式

$$A\sin\theta + B\cos\theta = \sqrt{A^2+B^2}\,\sin(\theta+\alpha)$$

ただし，αは右の式を
満たす角度（$0° \leqq \alpha < 360°$）

$$\cos\alpha = \frac{A}{\sqrt{A^2+B^2}}$$

$$\sin\alpha = \frac{B}{\sqrt{A^2+B^2}}$$

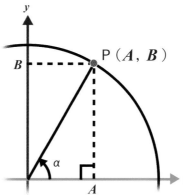

面積の公式

$$S = \frac{1}{2}ab\sin\theta$$

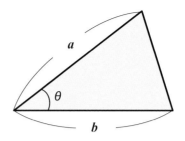

三角関数の微分・積分

$$(\sin x)' = \cos x \qquad (\cos x)' = -\sin x \qquad (\tan x)' = \frac{1}{\cos^2 x}$$

$$\int \sin x\, dx = -\cos x + C$$

$$\int \cos x\, dx = \sin x + C$$

$$\int \tan x\, dx = -\log|\cos x| + C$$

$$\int \frac{dx}{\sin x} = \frac{1}{2}\log\left|\frac{1-\cos x}{1+\cos x}\right| + C$$

$$\int \frac{dx}{\cos x} = -\frac{1}{2}\log\left|\frac{1-\sin x}{1+\sin x}\right| + C$$

$$\int \frac{dx}{\tan x} = \log|\sin x| + C$$

フーリエ級数展開

$$f(x) = \frac{a_0}{2} + (a_1\cos x + a_2\cos 2x + \cdots\cdots + a_n\cos nx + \cdots\cdots)$$
$$+ (b_1\sin x + b_2\sin 2x + \cdots\cdots + b_n\sin nx + \cdots\cdots)$$

フーリエ変換 ⬇ ⬆ 逆フーリエ変換

フーリエ係数

$$a_n = \frac{1}{\pi}\int_0^{2\pi} f(x)\cos(nx)\,dx, \quad b_n = \frac{1}{\pi}\int_0^{2\pi} f(x)\sin(nx)\,dx$$

オイラーの公式

$$e^{ix} = \cos(x) + i\sin(x), \quad e^{i\pi} + 1 = 0$$

虚数の指数関数
「e^{ix}」のグラフ

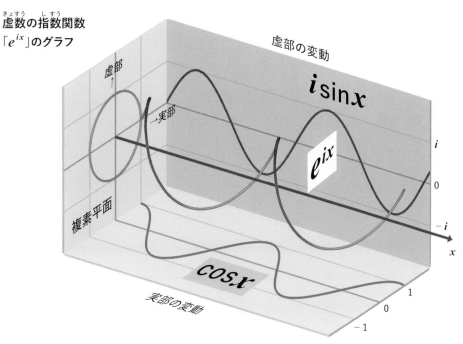

虚数の指数関数 e^{ix} の値は，複素数（実数＋虚数）となり，複素平面上で
らせんのように回転する。上図のように，その実部の変動は「$\cos x$」，
虚部の変動は「$i\sin x$」に一致する。

テイラー展開による定義

$$\sin(x) = x - \frac{1}{3!}x^3 + \frac{1}{5!}x^5 - \frac{1}{7!}x^7 + \cdots\cdots$$

$$\cos(x) = 1 - \frac{1}{2!}x^2 + \frac{1}{4!}x^4 - \frac{1}{6!}x^6 + \cdots\cdots$$

オイラーの公式による定義

$$\cos\theta = \frac{e^{i\theta} + e^{-i\theta}}{2}$$

$$\sin\theta = \frac{e^{i\theta} - e^{-i\theta}}{2i}$$

双曲線関数の定義とグラフ

$$\cosh x = \frac{e^x + e^{-x}}{2}$$

$$\sinh x = \frac{e^x - e^{-x}}{2}$$

$$\tanh x = \frac{\sinh x}{\cosh x} = \frac{e^x - e^{-x}}{e^x + e^{-x}}$$

━━ $y = \sinh x$　━━ $y = \cosh x$　━━ $y = \tanh x$

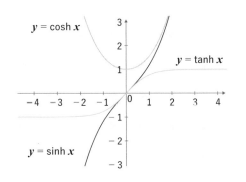

三角関数の逆数の定義とグラフ

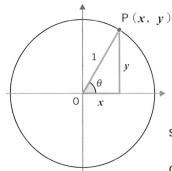

P $(x,\ y)$

円は半径1の単位円

$$\sec \theta = \frac{1}{x}$$

$$\csc \theta = \frac{1}{y}$$

$$\cot \theta = \frac{x}{y}$$

三角関数を含む極限

$$\lim_{x \to 0} \frac{\sin x}{x} = 1 \ , \ \lim_{x \to 0} \frac{x}{\sin x} = 1$$

$$\lim_{x \to 0} \frac{\tan x}{x} = 1$$

n 倍角の公式

$$\sin 3\theta = -4\sin^3 \theta + 3\cos \theta$$
$$\sin 4\theta = -8\sin^3 \theta \cos \theta + 4\sin \theta \cos \theta$$
$$\sin 5\theta = -16\sin^5 \theta - 20\sin^3 \theta + 5\sin \theta$$

$$\cos 3\theta = 4\cos^3 \theta - 3\cos \theta$$
$$\cos 4\theta = 8\cos^4 \theta - 8\cos^2 \theta + 1$$
$$\cos 5\theta = 16\cos^5 \theta - 20\cos^3 \theta + 5\cos \theta$$

$\tan \theta = x$ とすると

$$\tan 3\theta = \frac{3x - x^3}{1 - 3x^2}$$

$$\tan 4\theta = \frac{4x - 4x^3}{1 - 6x^2 + x^4}$$

$$\tan 5\theta = \frac{5x - 10x^3 + x^5}{1 - 10x^2 + 5x^4}$$

市川温子／いちかわ・あつこ
東北大学大学院 理学研究科素粒子実験（加速器）研究室教授。博士（理学）。京都大学理学部物理系卒業。専門は素粒子物理学実験。現在の研究テーマは，ニュートリノ振動，二重ベータ崩壊探索。

梶原浩一／かじわら・こういち
防災科学技術研究所 地震減災実験研究部門 研究統括。博士（工学）。東北大学工学部建築学科卒業。専門は地震防災・減災研究，振動台実験。

小山信也／こやま・しんや
東洋大学理工学部教授。博士（理学）。東京大学理学部数学科卒業。専門分野は整数論，ゼータ関数論。主な著書に『数学をするってどういうこと？』『日本一わかりやすいABC予想』などがある。

佐藤健一／さとう・けんいち
1938年，満洲国・新京市生まれ。学術博士。東京理科大学 理学部非常勤講師を経て現在，和算研究所。専門は数学史・和算。著書に『「塵劫記」を読み解く百科』『算爼―現代訳と解説―』『和算百話』『新・和算入門』『要説 数学史読本』『和算家の旅日記』『数学の文明開化』などがある。

祖父江義明／そふえ・よしあき
東京大学名誉教授。理学博士。東京大学 理学部天文学科卒業。主な研究テーマは，電波天文学，銀河天文学など。

竹内 淳／たけうち・あつし
早稲田大学理工学術院・先進理工学部教授。博士（理学）。1960年，徳島県生まれ。大阪大学大学院 基礎工学研究科修了。専門は半導体物理学。『高校数学でわかるフーリエ変換』『高校数学で学ぶディープラーニング』など著書多数。

平松正顕／ひらまつ・まさあき
国立天文台天文情報センター講師。博士（理学）。1980年，岡山県生まれ。東京大学理学部天文学科卒業。専門は電波天文学，科学コミュニケーション。良好な天文観測環境の保全にも取り組む。

前田京剛／まえだ・あつたか
東京大学大学院 総合文化研究科教授。工学博士。1958年，東京都生まれ。東京大学工学部物理工学科卒業。専門は，物性物理学。研究テーマは，超伝導とその周辺。応用にも興味がある。主な著書に，『擬一次元物質の物性』『高温超伝導体の物性』『物性物理学演習』『電気伝導入門』などがある。

math channel／マス チャンネル
（沼 倫加，横山明日希，吉田真也）／
ぬま・のりか，よこやま・あすき，よしだ・しんや
「"体験"を通して，算数・数学を身近に」を理念に掲げる算数・数学コンテンツ企画制作会社。教室の運営，イベント・ショー，クイズ・パズル，書籍・記事執筆などさまざまな切り口で算数・数学を主軸としたコンテンツを提供。

水谷 仁／みずたに・ひとし
科学雑誌『Newton』（ニュートン）元編集長。宇宙航空研究開発機構（JAXA）宇宙科学研究所名誉教授。山梨県立科学館学術顧問。理学博士。1942年，東京都生まれ。東京大学 理学部物理学科卒業。専門は地球・惑星物理学。

三谷政昭／みたに・まさあき
東京電機大学名誉教授。工学博士。1951年，広島県生まれ。東京工業大学工学部電子工学科卒業。専門はディジタル信号処理工学，教育工学。現在の研究テーマは，人工知能を取り入れた脳型情報通信処理システム。著書に『今日から使えるフーリエ変換』などがある。

山岸順一／やまぎし・じゅんいち
国立情報学研究所 コンテンツ科学研究系教授。博士（工学）。1979年，神奈川県生まれ。東京工業大学大学院総合理工学研究科物理情報システム創造専攻博士課程修了。専門は音声情報処理，機械学習，生体認証。研究テーマは，音声をはじめとする生体特徴のデジタルクローン，ライブネス検知，メディアフォレンジクスなど。

和田純夫／わだ・すみお
元・東京大学総合文化研究科専任講師。理学博士。東京大学理学部物理学科卒業。専門は理論物理。研究テーマは，素粒子物理学，宇宙論，量子論（多世界解釈），科学論など。

🍎 Photograph

🍎 **Staff**

Editorial Management	木村直之	DTP Operation	亀山富弘	Writer	加藤まどみ
Editorial Staff	中村真哉	Design Format	岩本陽一		
	上島俊秀	Cover Design	岩本陽一		

🍎 **Illustration**

003	trongnguyen/stock.adobe.com
004	vectorpouch/stock.adobe.com
006	k_yu/stock.adobe.com
006—007	Newton Press・吉原成行
008—016	Newton Press
018—019	Newton Press, Juulijs/stock.adobe.com
020—023	Newton Press・吉原成行
021	charis101/stock.adobe.com
024—027	Newton Press
028—029	Newton Press
	（雲のデータ：NASA Goddard Space Flight Center Image by Reto Stöckli (land surface, shallow water, clouds). Enhancements by Robert Simmon (ocean color, compositing, 3D globes, animation). Data and technical support: MODIS Land Group; MODIS Science Data Support Team; MODIS Atmosphere Group; MODIS Ocean Group Additional data: USGS EROS Data Center (topography); USGS Terrestrial Remote Sensing Flagstaf Field Center (Antarctica); Defense Meteorological Satellite Program (city lights).）
030—039	Newton Press
040—041	NADARAKA Inc.
042	freehand/stock.adobe.com
043—048	Newton Press
050	emma/stock.adobe.com
052—055	Newton Press
056—057	Newton Press, emma/stock.adobe.com
058—061	Newton Press
062—063	Newton Press, emma/stock.adobe.com
065—073	Newton Press
075	菊池 誠
076	Newton Press
078—079	Newton Press, Vector Tradition/stock.adobe.com
080—093	Newton Press
094—095	加藤愛一, bioraven/stock.adobe.com
096—097	加藤愛一
098—116	Newton Press
117	Newton Press, DragonTiger8/stock.adobe.com
118—125	Newton Press
126—127	de Art/stock.adobe.com
128—129	Newton Press
130—131	髙島達明
132—133	（スマート・スピーカー）Newton Press, （グラフィック・イコライザ）Edilus/Shutterstock.com, （ヘッドホン）sabelskaya/stock.adobe.com
134—138	Newton Press
140	C.Castilla/stock.adobe.com
142—143	Newton Press, Flanagan, James L., Oxford, England: Springer-Verlag, Alwie99d/stock.adobe.com
144　145	Newton Press
147—156	Newton Press
158—159	Newton Press, metamorworks/stock.adobe.com
160—165	Newton Press
166	小﨑哲太郎
170—171	Newton Press
173	小﨑哲太郎
175—182	Newton Press
185	Newton Press, N.Savranska/stock.adobe.com
186—191	Newton Press
192	Newton Press, （ド・ブロイ）山本 匠
193—199	Newton Press
200	ambassador806/stock.adobe.com
201—206	Newton Press

🍎 **初出**（内容は一部更新のうえ，掲載しています）

サイン・コサイン・タンジェント（Newton 2014年3月号）
現代社会を支える三角関数（Newton 2014年4月号）
ゼロからわかるフーリエ解析（Newton 2018年7月号）
ゼロからの三角関数（Newton 2019年10月号）

絵で見る数学（Newton 2020年5月号）
中高の数学（Newton 2021年3月号）
ゼロからよくわかる数学教養教室 三角関数編（Newton 2022年2月号）

ほか

Newtonプレミア保存版シリーズ
基礎からすべてがわかる，三角関数の決定版

三角関数

本書はニュートン別冊『三角関数 改訂第3版』を増補・再編集し，書籍化したものです。

2023年1月20日発行

発行人　高森康雄
編集人　木村直之
発行所　株式会社ニュートンプレス
　　　　〒112-0012東京都文京区大塚3-11-6
　　　　https://www.newtonpress.co.jp
© Newton Press　2023　Printed in Japan